机电专业"十三五"规划教材

机电设备调试与维护

主　编　常淑英　翟富林
副主编　冯　丰　屈金星　李　红　蔡珊珊

U0253047

北京希望电子出版社
Beijing Hope Electronic Press
www.bhp.com.cn

内 容 简 介

本书是根据应用型本科和高等职业教育"淡化理论,加强应用,联系实际,突出特色"的原则,在内容和编写思路上满足高职高专培养生产一线高技能人才的要求,力争达到重点突出、概念清楚、层次清晰、深入浅出、学以致用的目的。全书共分为 4 个章节,内容主要包括机电设备维修基础知识、常用低压电器、电动机的基本制、继电—接触器电气控制系统分析。

本书既可作为应用型本科院校、职业院校机电专业的教材,也可供电气自动化、机电一体化等高职专业教学使用,并可供相关工程技术人员参考。

图书在版编目(CIP)数据

机电设备调试与维护 / 常淑英,翟富林主编. -- 北京:北京希望电子出版社,2019.2(2023.8 重印)
ISBN 978-7-83002-676-9

Ⅰ. ①机… Ⅱ. ①常… ②翟… Ⅲ. ①机电设备—调试方法—高等职业教育—教材②机电设备—维修—高等职业教育—教材 Ⅳ. ①TH17②TM07

中国版本图书馆 CIP 数据核字(2019)第 024269 号

出版:北京希望电子出版社
地址:北京市海淀区中关村大街 22 号
　　　中科大厦 A 座 10 层
邮编:100190
网址:www.bhp.com.cn
电话:010-82626270
传真:010-62543892
经销:各地新华书店

封面:赵俊红
编辑:全　卫
校对:薛海霞
开本:787mm×1092mm 1/16
印张:12
字数:307 千字
印刷:廊坊市广阳区九洲印刷厂
版次:2023 年 8 月 1 版 2 次印刷

定价:39.80 元

前　言

　　本书是根据应用型本科和高等职业教育"淡化理论，加强应用，联系实际，突出特色"的原则，在内容和编写思路上满足高职高专培养生产一线高技能人才的要求，力争达到重点突出、概念清楚、层次清晰、深入浅出、学以致用的目的。

　　本书从实用的角度出发，以工厂常用的电气控制设备及其基本知识为重点，阐述并分析了机电设备维修基础知识、常用的低压电器、基本电气控制线路，以及常用机床的电气控制等。本书通过工程实例阐述继电—接触器控制系统的设计及调试，并列出实训项目，以增强学生的动手能力。

　　全书共分为4个章节。本书内容主要包括机电设备维修基础知识、常用低压电器、电动机的基本制、继电—接触器电气控制系统分析。

　　本书由天津电子信息职业技术学院的常淑英和安徽汽车应用技师学院的翟富林担任主编，冯丰、屈金星、李红、蔡珊珊担任副主编。全书由常淑英编写大纲并统稿。在本书的编写过程中，作者参考了多位同行专家的著作和文献，王军红协助进行了部分文字的编辑工作。

　　本书既可作为应用型本科院校、职业院校机电专业的教材，也可供电气自动化、机电一体化等高职专业教学使用，并可供相关工程技术人员参考。本书的相关资料和售后服务可扫封底二维码或登录 www.bjzzwh.com 下载联系获得。

　　由于时间仓促，加上编者水平有限，书中不足之处在所难免，望广大读者批评指正，编者将不胜感激。

编　者

目　　录

第1章
机电设备维护基础知识

本章导读

　　随着我国社会主义市场经济的建立和深入发展，工业生产对机电设备的要求和依赖程度越来越高。机电设备对工业生产的效率、质量、成本、安全、环保等方面，在一定程度上起着决定性作用。工业生产用机电设备的状况如何，不仅反映企业维护技术水平的高低，也是企业管理水平的标志之一。

　　生产设备在使用中会磨损，需要修理和更换零件；对一些突发性的故障和事故，需要组织抢修。机电设备维护技术就是以机电设备为对象，研究和探讨其装配与拆卸、失效零件修复、故障消除方法以及响应技术。

　　本章主要讲述机电设备维护技术的基础知识，以及机械零件的常用修复技术。

本章目标

- 了解设备维护体系
- 了解机电设备维护技术的作用与发展趋势
- 掌握机械设备的失效形式及其对策
- 掌握设备维护前的准备工作
- 了解机械零件的常用修复技术

1.1　设备维护体系

1.1.1　设备的劣化及补偿

　　机械设备在使用或者闲置过程中逐渐丧失其原有性能，或者与同类新型设备相比较性能较差，呈现旧式化的现象称为设备的劣化。

　　设备的劣化可分为使用劣化，自然劣化和灾害劣化。使用劣化是指设备在使用过程中，由于磨损和腐蚀所造成的耗损、冲击、疲劳和蠕变等所造成的损坏和变形，以及原材料的附着和尘埃的污染等现象，使设备失去其原有的性能。自然劣化是指设备在进厂之后不管使用与否，随着时间的流逝，或者受大气的影响而使材料老朽化，或者遭受意外的灾害而加快这种老朽化速度的现象。灾害劣化是指由于自然灾害，如暴风、水浸、地震、雷击、爆炸等使设备遭受破坏或设备性能下降的现象。

设备劣化还可分为绝对劣化和相对劣化。绝对劣化就是设备的老朽化，即随着时间的流逝，设备逐渐损耗，逐渐老朽直至需要报废。相对劣化是指原有的设备和新型设备相比较，性能低、质量差，因而显得旧式化的现象。

设备劣化导致设备技术性能下降，或者与新型设备相比，原有设备的技术性能较差，这一类劣化又称之为技术性劣化。如果从设备的经济价值角度来看，随着时间的流逝，其价值也在减少，这又称之为经济性劣化。设备的劣化使设备的性能下降，故障增多，维护费用增加，其所生产的产品产量减少，质量下降，成本增高并且不能保证按期交货，职工的安全感和工作情绪下降等，造成各种损失。

对设备劣化的补偿方法有两种：一是用新设备替换已经劣化或损耗的旧设备，即进行设备更新；二是在使用过程中通过检修进行局部性的补偿。由于设备零部件的使用寿命是长短不同的，因此用检修方法进行局部性的补偿，具有重要的经济意义。

图1-1为设备劣化的周期图。从图中可以看出，设备由建设期进入投产期，其性能逐渐达到设计水平，进入稳定生产期。如再经过革新改造，设备性能得到进一步提高，进入正常生产期。在使用中设备逐渐劣化，每经过一次修理，恢复一定的性能，但设备性能仍呈下降的趋势。这时，如果进行改造，设备性能就有可能向新一代的设备靠近。当设备性能急剧劣化，再修理得不偿失时，就应当进行更新。

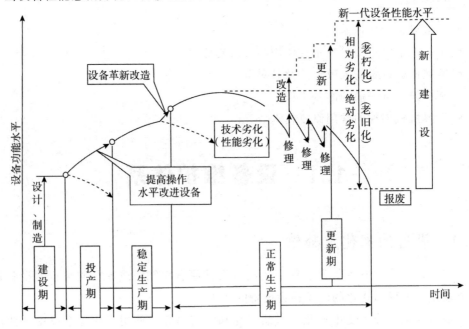

图1-1　设备劣化周期图

1.1.2　设备维护体系的三大侧面

随着设备技术的飞速发展，先进的设备需要先进的维护技术，更需要先进的管理模式。当代设备维护涉及工种众多，设备管理成为一门边缘的、综合的、系统的学科。按照设备综合工程学的观点，设备维护具有三大层面，既技术层面、经济层面和经营层面。技术层面包括日常保养技术（润滑、清洁、紧固和调整）、设备诊断技术、修理技术以及设备的更新与改造等；经济层面包括维护的经济性评价、维护费用和劣化损失、固定资产的转移和折旧等；经营层面包括维护的方针和目标、维护组织和人员、维护管理体系等。

设备维护的三个层面之间有着密切的关系，技术层面是以设备硬件为对象，从"物"的角度控制维护活动；经济层面是对设备进行的经济价值的考核，是从"钱"的角度控制维护活动；经营层面是从经营管理的措施方面控制维护活动，即从"人"的角度控制维护活动。三大侧面构成了一个完整的设备维护体系，缺一不可。

1.2　设备维护技术的发展概况和发展趋势

设备的维护和设备本身应该是结伴产生的，但其发展并不平衡，设备管理与有计划的预防性维护是最近几十年才发展起来的。越是工业水平发达的国家，设备管理与维护工作发展得越迅速，投入的人力、物力、财力也越多。

1.2.1　我国设备维护技术的发展概况

我国设备维护工作是在新中国成立后迅速产立、发展起来的。党和国家对设备维护与改造工作很重视。20 世纪 50 年代开始尝试推行"计划预修制"。随着国民经济第一个五年计划的执行，各企业陆续建立了设备管理部门，1954 年全面推行设备管理周期结构和修理间隔期、修理复杂系数等一套定额标准。1961 年国务院颁布《国营工业企业工作条例（试行）》（即"工业七十条"），逐步建立了以岗位责任制为中心的包括设备维护保养制度在内的各项管理制度。1963 年机械工业出版社开始组织编写资料性、实用性很强的《机修手册》，使设备维护技术向标准化、规范化方向迈进了一大步。

在设备维护实践中，"计划预修制"不断有所改进，如按照设备的实际运转台数和实际的磨损情况编制预修计划：不拘束于大修、项修、小修的典型工作内容，针对设备存在的问题，采取针对性修理。一些企业还结合修理对设备进行改装，提高设备的精度、效率、可靠性、维护性等。这些已经冲破了原有"计划预修制"的局限。与此同时，还相继成立了中国机械工程学会及各级学术组织，开展了多方面的学术和技术交流活动，推动了我国设备维护与改造工作。群众性的技术革新活动，也进一步推动了设备维护与改造工作。这一时期，我国工业企业的设备修理结构有两种形式：一是专业厂维护；二是企业自修。

20世纪70年代末，实行改革开放以来，加强了国际交往，国际交流不断，取得了可喜的成绩。采取"走出去、请进来"等方法，学习、借鉴英国的"设备综合工程学"和日本的"全员生产维护（TPM）"，揭开了我国多向综合引进国外先进技术的序幕，恢复了全国设备维护学会活动，创办了《设备维护》杂志，原国家经委增设设备管理办公室。1982年成立中国设备管理协会，1984年在西北工业大学筹建中国设备管理培训中心。1987年国务院颁布《全民所有制工业交通企业设备管理条例》。国内企业普遍实行"三保大修制"，一些企业结合自己的情况学习和试行"全员生产维护"，初步形成一个适合我国国情的设备管理与维护体制——设备综合管理体制，使我国设备维护工作走向正轨并进一步完善。

20世纪90年代，随着微电子技术、机电一体化等技术的不断发展，特别是我国工业化水平的迅速提高，技术改造和修理相结合的设备维护技术迅速发展。这一时期，在设备维护制度上，普遍推行状态维护、定期维护和事后维护等3种维护方式，以定期维护为主、向定期维护和状态维护并重的方向发展（事后维护仍然存在）。在修理类别上，大修、项修、小修3种类别已具有一定的代表性和普及性。

进入21世纪后，随着改革开放的不断深入，我国的社会主义市场经济不断完善，国外制造企业不断进入我国，计算机技术、信号处理技术、测试技术、表面工程技术等应用于设备维护，改善性维护、无维护设计技术等得到迅猛发展。

一方面，随着技术进步，企业设备操作人员不断减少，而维护人员则不断增加（图1-2）。另一方面，设备操作的技术含量不断降低，而维护的技术含量却在逐年上升（图1-3）。现今的维护人员面对的多是机电一体化，集光电技术、气动技术、激光技术和计算机技术为一体的复杂设备。当代的设备维护工作已经不是传统意义上的维护工所能胜任的工作。当前，我们面临的任务是大力抓好人才的开发和培养，通过高等院校培养和对在职人员进行补充更新知识的继续教育，尽快造就成一批具有现代维护管理知识和技术的专业维护人员。

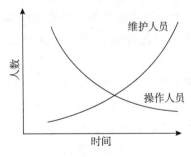

图1-2 设备操作人员与
维护人员的比例关系

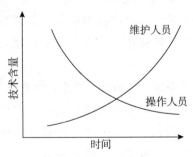

图1-3 设备维护人员和操作
人员与技术含量的关系

1.2.2　设备维护技术的发展趋势

现代科学技术和社会经济相互渗透、相互促进、相互结合，机电设备越来越机电一体化、高速化、微电子化，这使得机电设备的操作越来越容易，而机电设备故障的诊断和维护则变得更加困难。而且，机电设备一旦发生故障，尤其是连续化生产设备，往往会导致整套设备停机，从而造成不小的经济损失，如果危及到安全和环境，还会造成严重的社会影响。随着社会经济的迅速发展，生产规模的日益扩大，先进的生产方式的出现和采用，机电设备维护技术越来越受到人们的重视和关注。设备维护技术的发展必然朝着以计算机技术、信号处理技术、测试技术、表面工程技术等现代技术为依托，以现代设备状态监测与故障诊断技术为先导，以机电一体化为背景，以满足现代化工业生产不断提高的要求为目标，以不断完善的维护技术为手段的方向迅猛地发展。

1.2.3　机电设备维护课程的性质和任务

机电设备维护课程既是机电一体化专业的主要专业课程之一，又是机电工程类专业的重要专业课程之一。通过本课程的学习，应使读者达到以下基本要求。

（1）掌握机电设备维护的基础理论与基本知识。

（2）熟悉机电设备的拆解，设备零件的拆卸、清洗、技术鉴定方法；掌握轴与轴承、齿轮、蜗轮蜗杆以及过盈配合件的装配方法。

（3）熟悉机械零件各种修复技术；具备分析、选择和应用机械零件复技术的基本能力。

（4）熟悉常用研、检具和维护电工工具的选用；掌握机电设备几何精度的检验方法、装配质量的检验和机床试验方法、机床大修质量检验通用技术要求。

（5）掌握螺纹联接件、轴与轴承、丝杠螺母副、壳体零件、曲轴连杆机构、分度蜗轮副、齿轮、过盈配合件等典型零部件的修理、装配和调试方法；基本掌握常见电气设备故障处理和维护技术。

（6）熟悉普通机床、数控机床、机电一体化设备等典型机电设备的修理技术，常见故障分析及其排除方法。

1.3　机械零件的失效形式及其对策

机器失去正常工作能力的现象称为故障。在设备使用过程中，机械零件由于设计、材料、工艺及装配等各种原因，丧失设定的功能，无法继续工作的现象称为失效。当机械设备的关键零部件失效时，就意味着设备处于故障状态。机器发生故障后，其经济技术指标部分或全部下降而达不到设定要求，如功率下降、精度降低、加工表面粗糙度达不到预定等级或发生强烈振动、出现不正常的声响等。

机电设备的故障分为自然故障和事故性故障两类。自然故障是指机器各部分零件的正常磨损或物理、化学变化造成零件的变形、断裂、蚀损等，导致机器零件失效所引起的故障。事故性故障是指因维护和调试不当，违反操作规程或使用了质量不合格的零件和材料等造成的故障，这种故障是人为造成的，是可以避免的。

机器的故障和机械零件的失效密不可分。机械设备类型很多，其运行工况和环境条件差异很大。机械零件失效模式也很多，主要有磨损、变形、断裂、蚀损等四种普通的、有代表性的失效模式。

1.3.1 机械零件的磨损及其对策

相接触的物体相互移动时发生阻力的现象称为摩擦。相对运动的零件的摩擦表面发生尺寸、形状和表面质量变化的现象称为磨损。摩擦是不可避免的自然现象，磨损是摩擦的必然结果，两者均发生于材料表面。摩擦与磨损相伴产生，造成机械零件的失效。当机械零件配合面发生的磨损超过一定限度时，就会引起配合性质的改变，使间隙加大、润滑条件变差，产生冲击，磨损就会变得越来越严重，在这种情况下极易发生事故。一般机械设备中约有80％的零件因磨损而失效报废。据估计，世界上的能源消耗约有30％～50％是由于摩擦和磨损造成的。

摩擦和磨损涉及的技术领域甚广，特别是磨损，它是一种微观和动态的过程，在这一过程中，机械零件不仅会发生外形和尺寸的变化，而且还会出现其他各种物理、化学和机械现象。零件的工作条件是影响磨损的基本因素。这些条件主要包括：运动速度、相对压力、润滑与防护情况、温度、材料、表面质量和配合间隙等。

1. 机械零件的磨损过程

以摩擦副为主要零件的机械设备，在正常运转时，机械零件的磨损过程一般可分为磨合（跑合）阶段、稳定磨损阶段和剧烈磨损阶段，如图1-4所示。

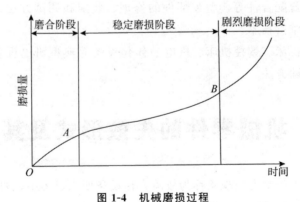

图1-4 机械磨损过程

（1）磨合阶段

新的摩擦副表面具有一定的表面粗糙度，实际接触面积小。开始磨合时，在一定载荷作用下，表面逐渐磨平，磨损速度较大，如图中的 OA 线段。随着磨合的持续，实际接触面积逐渐增大，磨损速度减缓。在机械设备正式投入运行前，认真细致进行磨合是十分重要的。

（2）稳定磨损阶段

经过磨合阶段，摩擦副表面发生加工硬化，微观几何形状改变，建立了弹性接触条件。这一阶段磨损趋于稳定、缓慢，AB 线段的斜率就是磨损速度；B 点对应的横坐标时间就是零件的耐磨寿命。

（3）剧烈磨损阶段

经过 B 点以后，由于摩擦条件发生较大的变化，如温度快速升高、金属组织发生变化、冲击增大、磨损速度急剧增加、机械效率下降、精度降低等，从而导致零件失效，机械设备无法正常运转。

2. 机械零件的磨损的类型

通常将机械零件的磨损分为粘着磨损、磨料磨损、疲劳磨损、腐蚀磨损和微动磨损五种类型。

（1）粘着磨损

粘着磨损又称为粘附磨损，是指当构成摩擦副的两个摩擦表面相互接触并发生相对运动时，由于粘着作用，接触表面的材料从一个表面转移到另一个表面所引起的磨损。

根据零件摩擦表面的破坏程度，粘着磨损可分为轻微磨损、涂抹、擦伤、撕脱和咬死等五类。

1）粘着磨损机理。摩擦副的表面即使是抛光得很好的光洁表面，实际上也还是高低不平的。因此，两个金属零件表面的接触，实际上是微凸体之间的接触，实际接触面积很小，仅为理论接触面的 $1\% \sim 1‰$。所以即使在载荷不大时，单位面积的接触应力也很大，如果当这一接触应力大到足以使微凸体发生塑性变形，并且接触处很干净，那么这两个零件的金属面将直接接触而产生粘着。当摩擦表面发生相对滑动时，粘着点在切应力作用下变形甚至断裂，造成接触表面的损伤破坏。这时，如果粘着点的粘着力足够大，并超过摩擦接触点两种材料之一的强度，则材料便会从该表面上被扯下，使材料从一个表面转移到另一个表面。通常这种材料的转移是由较软的表面转移到较硬的表面上。在载荷和相对运动作用下，两接触点间重复产生"粘着→剪断→再粘着"的循环过程，使摩擦表面温度显著升高，油膜破坏，严重时表层金属局部软化或熔化，接触点产生进一步粘着。

在金属零件的摩擦中，粘着磨损是剧烈的，常常会导致摩擦副灾难性破坏，应加以避免。但是，在非金属零件或金属零件和聚合物件构成的摩擦副中，摩擦时聚合物会转移到金属表面上形成单分子层，凭借聚合物的润滑特性，可以提高耐磨性，此时粘着磨损则起到有益的作用。

2）减少或消除粘着磨损的对策。摩擦表面产生粘着是粘着磨损的前提，因此，减少或消除粘着磨损就有两方面的对策。

①控制摩擦表面的状态。摩擦表面的状态主要是指表面自然洁净程度和微观粗糙度。摩擦表面越洁净、越光滑，越可能发生表面的粘着。因此，应当尽可能使摩擦表面有吸附物质、氧化物层和润滑剂。例如，润滑油中加入油性添加剂，能有效地防止金属表面产生粘着磨损；而大气中的氧通常会在金属表面形成一层保护性氧化膜，能防止金属直接接触和发生粘着，有利于减少摩擦和磨损。

②控制摩擦表面材料的成分。和金相组织材料成分和金相组织相近的两种金属材料之间最容易发生粘着磨损。这是因为两个摩擦表面的材料形成固溶体的倾向强烈，因此，构成摩擦副的材料应当是形成固溶体倾向最小的两种材料，即应当选用不同材料成分和晶体结构的材料。此外，金属间化合物具有良好的抗粘着磨损性能，因此也可选用易于在摩擦表面形成金属间化合物的材料。如果这两个要求都不能满足，则通常在摩擦表面覆盖能有效抵抗粘着磨损的材料，如铅、锡、银等软金属或合金。

（2）磨料磨损

磨料磨损也称为磨粒磨损，它是当摩擦副的接触表面之间存在着硬质颗粒，或者当摩擦副材料一方的硬度比另一方的硬度大得多时，所产生的一种类似金属切削过程的磨损。它是机械磨损的一种，特征是在接触面上有明显的切削痕迹。在各类磨损中，磨料磨损约占50%，是十分常见且危害性最严重的一种磨损，其磨损速率和磨损强度都很大，导致机械设备的使用寿命大大降低，能源和材料大量消耗。

根据摩擦表面所受的应力和冲击的不同，磨料磨损的形式可分为凿削式、高应力碾碎式和低应力擦伤式三类。

1）磨料磨损机理。磨料磨损的机理属于磨料颗粒的机械作用，磨料的来源有外界砂尘、切屑侵入、流体带入、表面磨损产物、材料组织的表面硬点及夹杂物等。目前，关于磨料磨损机理有四种假说：

①微量切削认为磨料磨损主要是由于磨料颗粒沿摩擦表面进行微量切削而引起的，微量切屑大多数呈螺旋状、弯曲状或环状，与金属切削加工的切屑形状类似。

②压痕破坏认为塑性较大的材料，因磨料在载荷的作用下压入材料表面而产生压痕，并从表层上挤出剥落物。

③疲劳破坏认为磨料磨损是磨料使金属表面层受交变应力而变形，使材料表面疲劳破坏，并呈小颗粒状态从表层脱落下来。

④断裂认为磨料压入和擦划金属表面时，压痕处的金属要产生变形，磨料压入深度达到临界值时，伴随压入而产生的拉伸应力足以产生裂纹。在擦划过程中，产生的裂纹有两种主要类型：一种是垂直于表面的中间裂纹；另一种是从压痕底部向表面扩展的横向裂纹。当横向裂纹相交或扩展到表面时，便发生材料呈微粒状脱落形成磨屑的现象。

2）减少或消除磨料磨损的对策。磨料磨损是由磨料颗粒与摩擦表面的机械作用而引起的，因而，减少或消除磨料磨损也有两方面的对策。

①磨料方面磨料磨损与磨料的相对硬度、形状、大小（粒度）有密切的关系。磨料的硬度相对于摩擦表面材料硬度越大，磨损越严重；呈棱角状的磨料比圆滑状的磨料的挤切能力强，磨损率高。实验与实践表明，在一定粒度范围内，摩擦表面的磨损量随磨粒尺寸的增大而按比例较快地增加，但当磨料粒度达到一定尺寸（称为临界尺寸）后，磨损量基本保持不变。这是因为磨料本身的缺陷和裂纹随着磨料尺寸增大而增多，导致磨料的强度降低，易于断裂破碎。

②摩擦表面材料方面。摩擦表面材料的显微组织、力学性能（如硬度、断裂韧度、弹性模量等）与磨料磨损有很大关系。在一定范围内，硬度越高，材料越耐磨，因为硬度反映了被磨损表面抵抗磨料压力的能力。断裂韧度反映材料对裂纹的产生和扩散的敏感性，对材料的磨损特性也有重要的影响。因此必须综合考虑硬度和断裂韧度的取值，只有两者配合合理时，材料的耐磨性才最佳。弹性模量的大小，反映被磨材料是否能以弹性变形的方式去适应磨料、允许磨料通过，而不发生塑性变形或切削作用，避免或减少表面材料的磨损。

（3）疲劳磨损

疲劳磨损是摩擦表面材料微观体积受循环接触应力作用产生重复变形，导致产生裂纹和分离出微片或颗粒的一种磨损。疲劳磨损根据其危害程度可分为非扩展性疲劳磨损和扩展性疲劳磨损两类。

1）疲劳磨损机理。疲劳磨损的过程就是裂纹产生和扩展的破坏过程。根据裂纹产生的位置，疲劳磨损的机理有两种情况。

①滚动接触疲劳磨损。在滚动接触过程中，材料表层受到周期性载荷作用，引起塑性变形、表面硬化，最后在表面出现初始裂纹，并沿与滚动方向呈小于 45°的倾角方向由表向里扩展。表面上的润滑油由于毛细管的吸附作用而进入裂纹内表面，当滚动体接触到裂 $\frac{1}{3}$ 处时将把裂口封住，使裂纹两侧内壁承受很大的挤压作用，加速裂纹向内扩展。在载荷的继续作用下，形成麻点状剥落，在表面上留下痘斑状凹坑，深度在 0.1～0.2mm 以下。

②滚滑接触疲劳磨损。根据弹性力学，两滚动接触物体在表面下 0.786b（b 为平面接触区的半宽度）处切应力最大。该处塑性变形最剧烈，在周期性载荷作用下的反复变形使材料局部弱化，并在该处首先出现裂纹，在滑动摩擦力引起的切应力和法向载荷引起的切应力叠加作用下，使最大切应力从 0.786b 处向表面移动，形成滚滑疲劳磨损，剥落层深度一般为 0.2～0.4mm。

2）减少或消除疲劳磨损的对策。疲劳磨损是由于疲劳裂纹的萌生和扩展而产生的，因此，减少或消除疲劳磨损的对策就是控制影响裂纹萌生和扩展的因素，主要有以下四个方面。

①材质钢中存在的非金属夹杂物，易引起应力集中，这些夹杂物的边缘最易形成裂纹，从而降低材料的接触疲劳寿命。

材料的组织状态对其接触疲劳寿命有重要影响。通常，晶粒细小、均匀，碳化物成球状且均匀分布，均有利于提高滚动接触疲劳寿命。轴承钢经处理后，残留奥氏体越多，针状马氏体越粗大，则表层有益的残余压应力和渗碳层强度越低，越容易发生微裂纹。在未溶解的碳化物状态相同的条件下，马氏体中碳的质量分数在$0.4\%\sim0.5\%$左右时，材料的强度和韧性配合较佳，接触疲劳寿命高。对未溶解的碳化物，通过适当热处理，使其趋于量少、体小、均布，避免粗大或带状碳化物出现，都有利于避免疲劳裂纹的产生。

硬度在一定范围内增加，其接触疲劳强度将随之增大。例如，轴承钢表面硬度为62HRC左右时，其抗疲劳磨损能力最大。对传动齿轮的齿面，硬度在58HRC～62HRC范围内最佳，而当齿面受冲击载荷时，硬度宜取下限。此外，两个接触滚动体表面硬度匹配也很重要。例如，滚动轴承中，滚道和滚动元件的硬度相近，或者滚动元件比滚道硬度高出10%为宜。

②接触表面粗糙度。试验表明，适当降低表面粗糙度可有效提高抗疲劳磨损的能力。例如，滚动轴承表面粗糙度由Ra0.40μm降低到Ra0.20μm，寿命可提高2～3倍；由Ra0.20μm降低到Ra0.10μm，寿命可提高1倍；而降低到Ra0.05μm以下，对寿命的提高影响甚小。表面粗糙度要求的高低与表面承受的接触应力有关，通常接触应力大，或表面硬度高时，均要求表面粗糙度低。

③表面残余内应力。一般来说，表层在一定深度范围内存在有残余压应力，不仅可提高弯曲、扭转疲劳强度，还能提高接触疲劳强度，减小疲劳磨损。但是，残余压应力过大也有害。

④其他因素。润滑油的选择很重要，润滑油粘度越高越利于改善接触部分的压力分布，同时不易渗入表面裂纹中，这对抗疲劳磨损十分有利；而润滑油中加入活性氯化物添加剂或是能产生化学反应形成酸类物质的添加剂，则会降低轴承的疲劳寿命。机械设备装配精度影响齿轮齿面的啮合接触面的大小，自然也对接触疲劳寿命有影响。具有腐蚀作用的环境因素对疲劳往往起有害作用，如润滑油中的水。

（4）腐蚀磨损

在摩擦过程中，金属同时与周围介质发生化学反应或电化学反应，引起金属表面的腐蚀剥落，这种现象称为腐蚀磨损。它是与机械磨损、粘着磨损、磨料磨损等相结合时才能形成的一种机械化学磨损。因此，腐蚀磨损的机理与前述三种磨损的机理不同。腐蚀磨损是一种极为复杂的磨损过程，经常发生在高温或潮湿的环境下，更容易发生在有酸、碱、盐等特殊介质的条件下。

按腐蚀介质的不同类型，腐蚀磨损可分为氧化磨损和特殊介质下的腐蚀磨损两大类。

1）氧化磨损。除金、铂等少数金属外，大多数金属表面都被氧化膜覆盖着。若在摩擦过程中，氧化膜被磨掉，摩擦表面与氧化介质反应速度很快，立即又形成新的氧化膜，然后又被磨掉，这种氧化膜不断被磨掉又反复形成的过程，就是氧化磨损。

氧化磨损的产生必须同时具备以下条件：一是摩擦表面要能够发生氧化，而且氧化膜生成速度大于其磨损破坏速度；二是氧化膜与摩擦表面的结合强度大于摩擦表面承受的切应力；三是氧化膜厚度大于摩擦表面破坏的深度。

在通常情况下，氧化磨损比其他磨损轻微得多。减少或消除氧化磨损的对策主要有以下几个。

①控制氧化膜生长的速度与厚度。在摩擦过程中，金属表面形成氧化物的速度要比非摩擦时快得多。在常温下，金属表面形成的氧化膜厚度非常小，例如铁的氧化膜厚度为 1~3mm，铜的氧化膜厚度约为 5nm。但是，氧化膜的生成速度随时间而变化。

②控制氧化膜的性质。金属表面形成的氧化膜的性质对氧化磨损有重要影响。若氧化膜紧密、完整无孔，与金属表面基体结合牢固，则有利于防止金属表面氧化；若氧化膜本身性脆，与金属表面基体结合差，则容易被磨掉。例如铝的氧化膜是硬脆的，在无摩擦时，其保护作用大，但在摩擦时其保护作用很小。低温下，铁的氧化物是紧密的，与基体结合牢固，但在高温下，随着厚度增大，内应力也增大，将导致膜层开裂、脱落。

③控制硬度。当金属表面氧化膜硬度远大于与其结合的基体金属的硬度时，在摩擦过程中，即使在小的载荷作用下，也易破碎和磨损；当两者相近时，在小载荷、小变形条件下，因两者变形相近，故氧化膜不易脱落；但若受大载荷作用而产生大变形时，氧化膜也易破碎。最有利的状况是氧化膜硬度和基体硬度都很高，在载荷作用下变形小，氧化膜不易破碎，耐磨性好。例如镀硬铬时，其硬度为 900HBS 左右，铬的氧化膜硬度也很高，所以镀硬铬得到广泛应用。然而，大多数金属氧化物都比原金属硬而脆，厚度又很小，故对摩擦表面的保护作用很有限。但在不引起氧化膜破裂的状况下，表面的氧化膜层有防止金属之间粘着的作用，因而有利于抗粘着磨损。

2）特殊介质下的腐蚀磨损。特殊介质下的腐蚀磨损是摩擦副表面金属材料与酸、碱、盐等介质作用生成的各种化合物，在摩擦过程中不断被磨掉的磨损过程。其机理与氧化磨损相似，但磨损速度较快。

由于其腐蚀本身可能是化学的或电化学的性质，故腐蚀磨损的速度与介质的腐蚀性质和作用温度有关，也与相互摩擦的两个金属形成的电化学腐蚀的电位差有关。介质腐蚀性越强，作用温度越高，腐蚀磨损速度越快。减少或消除特殊介质下的腐蚀磨损的对策主要有以下几个。

①使摩擦表面受腐蚀时能生成一层结构紧密且与金属基体结合牢固、阻碍腐蚀继续发生或使腐蚀速度减缓的保护膜，可使腐蚀磨损速度减小。

②控制机械零件或构件所处的应力状态，因为这对腐蚀影响很大。当机械零件受到重复应力作用时，所产生的腐蚀速度比不受应力时快得多。

（5）微动磨损

两个接触表面由于受相对低振幅振荡运动而产生的磨损称为微动磨损。它产生于相对静止的接合零件上，因而易被忽视。微动磨损的最大特点是：在外界变动载荷作用下，产生振幅很小（小于 $100\mu m$，一般为 $2\sim20\mu m$）的相对运动，由此发生摩擦磨损。例如，在键联接处、过盈配合处、螺栓联接处、铆钉联接接头处等发生的磨损。

微动磨损使配合精度下降，过盈配合部件结合紧度下降甚至松动，联接件松动乃至分离，严重者会引发事故。微动磨损还易引起应力集中，导致联接件疲劳断裂。

1）微动磨损的机理。由于微动磨损集中在局部范围内，同时两个摩擦表面永远不脱离接触，磨损产物不易往外排除，磨屑在摩擦表面起着磨料的作用；又因摩擦表面之间的压力使表面凸起部分粘着，粘着处被外界小振幅引起的摆动所剪切，剪切处表面又被氧化，所以微动磨损兼有粘着磨损和氧化磨损的作用。微动磨损是一种兼有磨料磨损、粘着磨损和氧化磨损的复合磨损形式。

2）减少或消除微动磨损的对策。试验与实践表明，外界条件（如载荷、振幅、温度、润滑等）及材质对微动磨损影响相当大，因而，减少或消除微动磨损的对策主要有以下几个方面。

①载荷。在一定条件下，随着载荷增大，微动磨损量将增加，但是当超过某临界载荷之后，微动磨损量将减小。采用超过临界载荷的紧固方式可有效减少微动磨损。

②振幅。当振幅较小时，单位磨损率较小；当振幅超过 $50\sim150\mu m$ 时，单位磨损率显著上升。因此，应有效地将振幅控制在 $30\mu m$ 以内。

③温度。低碳钢在 $0°$ 以上时，微动磨损量随温度上升而逐渐降低；在 $150℃\sim200℃$ 时，微动磨损量突然降低；继续升高温度，微动磨损量上升，温度从 $135℃$ 升高到 $400℃$ 时，微动磨损量增加 15 倍。中碳钢，在其他条件不变、温度为 $130℃$ 时，微动磨损量发生转折，超过此温度，微动磨损量大幅度降低。

④润滑。用粘度大、抗剪切强度高的润滑脂有一定效果，固体润滑剂（如 MoS_2、PT－FE 等）效果更好。而普通的液体润滑剂对防止微动磨损效果不佳。

⑤材质性能。提高硬度及选择适当材料配副都可以减小微动磨损。将一般碳钢表面硬度从 180HV 提高到 700HV 时，微动磨损量可降低 50%。一般来说，抗粘着性能好的材料配副对抗微动磨损也好。采用表面处理（如硫化或磷化处理以及镀上金属镀层）是降低微动磨损的有效措施。

1.3.2　机械零件的变形及其对策

机械零件或构件在外力的作用下，产生形状或尺寸变化的现象称为变形，是机械失效的重要类型。过量的变形也是判断韧性断裂的明显征兆。例如，各类传动轴的弯曲变形；桥式起重机主梁在变形下挠曲或扭曲；汽车大梁的扭曲变形；弹簧的变形等。变形量随着时间的不断增加，逐渐改变了零件式构件的初始参数，当超过允许极限时，将丧失设定的功能。有的机械零件因变形引起结合零件出现附加载荷、相互关系失常或加速磨损，甚至会造成断裂等灾难性后果。

1. 机械零件变形的种类

根据外力去除后变形能否恢复，机械零件或构件的变形可分为弹性变形和塑性变形两大类。

（1）弹性变形

金属零件在作用应力小于材料屈服强度时产生的变形称为弹性变形。弹性变形的特点如下。

①当外力去除后，零件变形消除，恢复原状。

②材料弹性变形时，应变与应力成正比，其比值称为弹性模量，它表示材料对弹性变形的阻力。在其他条件相同时，材料的弹性模量越高，由这种材料制成的机械零件或构件的刚度便越高，在受到外力作用时保持其固有的尺寸和形状的能力就越强。

③弹性变形量很小，一般不超过材料原长度的 $0.1\% \sim 1.0\%$。

在金属零件使用过程中，若产生超量弹性变形（超量弹性变形是指超过设计允许的弹性变形），则会影响零件正常工作。例如，当传动轴工作时，超量弹性变形会引起轴上齿轮啮合状况恶化，影响齿轮和支承它的滚动轴承的工作寿命；机床导轨或主轴超量弹性变形，会引起加工精度降低甚至不能满足加工精度。因此，在机械设备运行中，防止超量弹性变形是十分必要的。除了正确设计外，正确使用十分重要，应严防超载运行，注意运行温度规范，防止热变形等。

（2）塑性变形

塑性变形又称为永久变形，是指机械零件在外加载荷去除后留下来的一部分不可恢复的变形。金属零件的塑性变形从宏观形貌特征上看，主要有翘曲变形、体积变形和时效变形三种形式。

①翘曲变形。当金属零件本身受到某种应力（例如机械应力、热应力或组织应力等）的作用，其实际应力值超过了金属在该状态下的拉伸屈服强度或压缩屈服强度后，就会产生呈翘曲、椭圆或歪扭的塑性变形。因此，金属零件产生翘曲变形是它自身受复杂应力综合作用的结果。翘曲变形常见于细长轴类、薄板状零件以及薄壁的环形和套类零件。

②体积变形。金属零件在受热与冷却过程中，由于金相组织转变引起比容变化，导致金属零件体积胀缩的现象称为体积变形。例如，钢件淬火相变时，奥氏体转变为马氏体或下贝氏体时比容增大，体积膨胀，淬火相变后残留奥氏体的比容减小，体积收缩。马氏体形成时的体积变化程度，与淬火相变时马氏体中的含碳量有关。钢件中含碳量越多，形成马氏体时的比容变化越大，膨胀量也越大。此外，钢中碳化物不均匀分布往往会增加变形程度。

③时效变形。钢件热处理后产生不稳定组织，由此引起的内应力处于不稳定状态，铸件在铸造过程中形成的铸造内应力也处于不稳定状态。在常温下较长时间的放置或使用，不稳定状态的应力会逐渐发生转变，并趋于稳定，由此伴随产生的变形称为时效变形。

塑性变形导致机械零件各部分尺寸和外形的变化，将引起一系列不良后果。例如，机床主轴塑性弯曲，将不能保证加工精度，导致废品率增加，甚至到使主轴不能工作。

零件的局部塑性变形虽然不像零件的整体塑性变形那样引起明显失效，但也是引起零件失效的重要形式。如键联接、花键联接、挡块和销钉等，由于静压力作用，通常会引起配合的一方或双方的接触表面挤压（局部塑性变形），随着挤压变形的增大，特别是那些能够反向运动的零件将引起冲击，使原配合关系破坏的过程加剧，从而导致机械零件失效。

2. 防止和减少机械零件变形的对策

变形是不可避免的，可从以下四个方面采取相应的对策防止和减少机械零件变形。

（1）设计

设计时不仅要考虑零件的强度，还要重视零件的刚度和制造、装配、使用、拆卸、修理等问题。

①正确选用材料，注意工艺性能。如铸造的流动性、收缩性；锻造的可锻性、冷镦性；焊接的冷裂、热裂倾向性；机加工的可切削性；热处理的淬透性、冷脆性等。

②合理布置零件，选择适当的结构尺寸。如避免尖角，棱角改为圆角、倒角；厚薄悬殊的部分可开工艺孔或加厚太薄的地方；安排好孔洞位置，把盲孔改为通孔等。形状复杂的零件在可能条件下采用组合结构、镶拼结构，改善受力状况。

③在设计中，注意采用新技术、新工艺和新材料，减少制造时的内应力和变形。

（2）加工

在加工中要采取一系列工艺措施来防止和减少变形。对毛坯要进行时效以消除其残余内应力。时效有自然时效和人工时效两种。自然时效，可以将生产出来的毛坯在露天存放 1～2 年，这是因为毛坯材料的内应力有在 12～20 个月逐渐消失的特点，其时效效果最佳，缺点是时效周期太长。人工时效可使毛坯通过高温退火、保温缓冷而消除内应力。也可利用振动作用来进行人工时效。高精度零件在精加工过程中必须安排人工时效。

在制定零件机械加工工艺规程中，均要在工序、工步的安排上，工艺装备和操作上采取减少变形的工艺措施。例如，粗精加工分开的原则，在粗精加工中间留出一段存放时间，以利于消除内应力。

机械零件在加工和修理过程中要减少基准的转换，保留加工基准留给维护时使用，减少维护加工中因基准不统一而造成的误差。对于经过热处理的零件来说，注意预留加工余量、调整加工尺寸、预加变形，这是非常必要的。在掌握零件的变形规律之后，可预先加以反向变形量，经热处理后两者抵消；也可预加应力或控制应力的产生和变化，使最终变形量符合要求，达到减少变形的目的。

（3）修理

在修理中，既要满足恢复零件的尺寸、配合精度、表面质量等技术要求，还要检查和修复主要零件的形状、位置误差。为了尽量减少零件在修理中产生的应力和变形，应当制定出与变形有关的标准和修理规范，设计简单可靠、易用的专用量具和工夹具。

（4）使用

加强设备管理，制定并严格执行操作规程，加强机械设备的检查和维护，不超负荷运行，避免局部超载或过热等情况的发生。

1.3.3　机械零件的断裂及其对策

断裂是零件在机械、热、磁、腐蚀等单独作用或者联合作用下，其自身连续性遭到破坏，发生局部开裂或分裂成几部分的现象。

机械零件断裂后不仅完全丧失工作能力，而且还可能造成重大的经济损失或伤亡事故。尤其是现代机械设备日益向着大功率、高转速的趋势发展，机械零件断裂失效的几率有所提高。尽管与磨损、变形相比，机械零件因断裂而失效的机会很少，但机械零件的断裂往往会引发严重的机械事故，造成严重的后果，是一种最危险的失效形式。

1. 机械零件的断裂的形式

机械零件的断裂一般可分为延性断裂、脆性断裂、疲劳断裂和环境断裂四种形式。

（1）延性断裂

延性断裂又称为塑性断裂或韧性断裂。当外力引起的应力超过抗拉强度时发生塑性变形后造成断裂就称为延性断裂。延性断裂的宏观特点是断裂前有明显的塑性变形，常出现"缩颈"现象。延性断裂断口形貌的微观特点是断面有大量韧窝（即微坑）覆盖。延性断裂实际上是显微空洞形成、生长、连接以致最终导致断裂的一种破坏形式。

（2）脆性断裂

金属零件或构件在断裂之前无明显的塑性变形，断裂发展速度极快的一类断裂叫脆性断裂。它通常在没有预警征兆的情况下突然发生，是一种极危险的断裂形式。

（3）疲劳断裂

机械设备中的许多零件，如轴、齿轮、凸轮等，都是在交变应力作用下工作的。它们工作时所承受的应力一般都低于材料的屈服强度或抗拉强度，符合静强度设计的标准是安全的。但在实际生产中，在重复及交变载荷的长期作用下，机械零件或构件仍然会发生断裂，这种现象称为疲劳断裂，它是一种普通而严重的失效形式。在机械零件的断裂失效中，疲劳断裂占很大的比重，约占 $80\%\sim90\%$。

疲劳断裂的类型很多，根据循环次数的多少可分为高周疲劳和低周疲劳两种类型。

高周疲劳通常简称为疲劳，又称为应力疲劳，是指机械零件断裂前在低应力（低于材料的屈服强度甚至弹性极限）下，所经历的应力循环周次数多（一般大于 105 次）的疲劳，是一种常见的疲劳破坏。如曲轴、汽车后桥半轴、弹簧等零部件的失效一般均属于高周疲劳破坏。

低周疲劳又称为应变疲劳。低周疲劳的特点是承受的交变应力很高，一般接近或超过材料的屈服强度，因此每一次应力循环都有少量的塑性变形，而断裂前所经历的循环周次较少，一般只有 102～105 次，寿命短。

（4）环境断裂

环境断裂是指材料与某种特殊环境相互作用而引起的具有一定环境特征的断裂形式。延性断裂、脆性断裂、疲劳断裂，均未涉及材料所处的环境，实际上机械零件的断裂，除了与材料的特性、应力状态和应变速度有关外，还与周围的环境密切相关，尤其是在腐蚀环境中材料表面的裂纹边沿由于氧化、腐蚀或其他过程使材料强度下降，促使材料发生断裂。环境断裂主要有应力腐蚀断裂、氢脆断裂、高温蠕变断裂、腐蚀疲劳断裂及冷脆断裂等形式。

2. 减少或消除机械零件断裂的对策

减少或消除机械零件断裂的对策如下。

（1）设计。在金属结构设计上要求合理，尽可能减少或避免应力集中，合理选择材料。

（2）工艺。采用合理的工艺结构，注意消除残余应力，严格控制热处理工艺。

（3）使用。按设备说明书操作、使用机电设备，严格杜绝超载使用机电设备。

1.3.4 机械零件的蚀损及其对策

蚀损即腐蚀损伤。机械零件的蚀损，是指金属材料与周围介质发生化学反应或电化学反应而导致的破坏。疲劳点蚀、腐蚀和穴蚀等，统称为蚀损。疲劳点蚀是指零件在循环接触应力作用下表面发生的点状剥落的现象；腐蚀是指零件受周围介质的化学及电化学作用，表层金属发生化学变化的现象；穴蚀是指零件在温度变化和介质的作用下，表面产生针状孔洞，并不断扩大的现象。

金属腐蚀是普通存在的自然现象，它所造成的经济损失十分惊人。据不完全统计，全世界因腐蚀而不能继续使用的金属零件，约占其产量的10%以上。

金属零件由于周围的环境以及材料内部成分和组织结构的不同，腐蚀破坏有凹洞、斑点、溃疡等多种形式。

1. 机械零件蚀损的种类

按金属与介质作用机理，机械零件的蚀损可分为化学腐蚀和电化学腐蚀两大类。

（1）机械零件的化学腐蚀

化学腐蚀是指单纯由化学作用而引起的腐蚀。在这一腐蚀过程中不产生电流，介质是非导电的。化学腐蚀的介质一般有两种形式：一种是气体腐蚀，指干燥空气、高温气体等介质中的腐蚀；另一种是非电解质溶液中的腐蚀，指有机液体、汽油、润滑油等介质中的腐蚀，它们与金属接触时进行化学反应形成表面膜，在不断脱落又不断生成的过程中使零件腐蚀。

大多数金属在室温下的空气中就能自发地氧化，但在表面形成氧化物层之后，如能有效地隔离金属与介质间的物质传递，就可成为保护膜。如果氧化物层不能有效阻止氧化反应的进行，那么金属将不断地被氧化。

据研究，金属氧化膜要在含氧气的条件下起保护膜作用必须具备下列条件。

①氧化膜必须是紧密的，能完整地把金属表面全部覆盖住，即氧化膜的体积必须比生成此膜所消耗掉的金属的体积大。

②氧化膜在气体介质中是稳定的。

③氧化膜和基体金属的结合力强，且有一定的强度和塑性。

④氧化膜具有与基体金属相同的热膨胀系数。

在高温空气中，铁和铝都能生成完整的氧化膜，由于铝的氧化膜同时具备了上述四种条件，故具有良好保护性能；而铁的氧化膜与铁结合不良，故起不了保护作用。

（2）金属零件的电化学腐蚀

电化学腐蚀是金属与电解质物质接触时发生的腐蚀。大多数金属的腐蚀都属于电化学腐蚀，其涉及面广，造成的经济损失大。电化学腐蚀与化学腐蚀的不同点在于其腐蚀过程有电流产生。电化学腐蚀过程比化学腐蚀强烈得多，这是由于电化学腐蚀的条件易形成和存在决定的。

电化学腐蚀的根本原因是腐蚀电池的形成。在原电池中，作为阳极的锌被溶解，作为阴极的铜未被溶解，在电解质溶液中有电流产生。电化学腐蚀原理与此很相近，同样需要形成原电池的三个条件：两个或两个以上的不同电极电位的物体，或在同一物体中具有不同电极电位的区域，以形成正、负极；电极之间需要有导体相连接或电极直接接触；有电解液。金属材料中一般都含有其他合金或杂质（如碳钢中含有渗碳体，铸铁中含有石墨等），由于这些杂质的电极电位的数值比铁本身大，便产生了电位差，而且它们又都能导电，杂质又与基体金属直接接触，所以当有电解质溶液存在时便会构成腐蚀电池。

腐蚀电池有微电池腐蚀和宏观腐蚀电池两种。上述腐蚀电池中由于渗碳体和石墨含量非常小，作为腐蚀电池中的阴极常称为微阴极。这种腐蚀电池也称为微电池。当不同金属浸于不同电解质溶液，或两种相接触的金属浸于电解质溶液，或同一金属与不同的电解质溶液（包括浓度、温度、流速不同）接触，这时构成腐蚀电池阳极的是金属整体或其局部，这种腐蚀电池称为宏观腐蚀电池。金属零件常见的电化学腐蚀形式主要有：

①大气腐蚀，即潮温空气中的腐蚀。

②土壤腐蚀，如地下金属管线的腐蚀。

③在电解质溶液中的腐蚀，如酸、碱、盐等溶液中的腐蚀。

④在熔融盐中的腐蚀，如热处理车间，熔盐加热炉中的盐炉电极和所处理的金属发生的腐蚀。

2. 减少或消除机械零件蚀损的对策

减少或消除机械零件蚀损的对策如下。

（1）正确选材。根据环境介质和使用条件，选择合适的耐腐蚀材料，如含有镍、铬、铝、硅、钛等元素的合金钢；在条件许可的情况下，尽量选用尼龙、塑料、陶瓷等材料。

（2）合理设计。在制造机械设备时，即使采用了较优质的材料，如果在结构的设计上不从金属防护角度加以全面考虑，常会引起机械应力、热应力以及流体的停滞和聚集、局部过热等，从而加速腐蚀过程。因此设计结构时应尽量使整个部位的所有条件均匀一致，做到结构合理、外形简化、表面粗糙度合适。

（3）覆盖保护层。在金属表面上覆盖一层不同的材料，可改变表面结构，使金属与介质隔离开来，以防止腐蚀。常用的覆盖材料有金属或合金、非金属保护层和化学保护层等。

（4）电化学保护。对被保护的机械设备通常以直流电流进行极化，以消除电位差，使之达到某一电位时，被保护金属的腐蚀可以很小，甚至呈无腐蚀状态。这种方法要求介质必须是导电的、连续的。

（5）添加缓蚀剂。在腐蚀性介质中加入少量缓蚀剂（缓蚀剂是指能减小腐蚀速度的物质），可减轻腐蚀。按化学性质的不同，缓蚀剂有无机化合物和有机化合物两类。无机化合物，能在金属表面形成保护，使金属与介质隔开，如重铬酸钾、硝酸钠、亚硫酸钠等；有机化合物，能吸附在金属表面上，使金属溶解和还原反应都受到抑制，减轻金属腐蚀，如胺盐、琼脂、动物胶、生物碱等。

（6）改变环境条件。将环境中的腐蚀介质去除，可减少其腐蚀作用。如采用通风、除湿、去掉二氧化硫气体等。对常用金属材料来说，把相对湿度控制在临界湿度（50％～70％）以下，可显著减缓大气腐蚀。

1.4　设备维护前的准备工作

为了保证设备正常运行和安全生产，对设备实行有计划的预防性修理，是工业企业设备管理与维护工作的重要组成部分。本节介绍设备大修理工艺过程、设备修理方案的确定、设备修理前的技术和物质准备等内容。

1.4.1　设备大修理工艺过程

为保持机电设备的各项精度和工作性能，在实施维护保养的基础上，必须对机电设备进行预防性计划修理，其中大修理工作是恢复设备精度的一项重要工作。在设备预防性计划修理类别中，设备大修理（简称为设备大修）是工作量最大、修理时间较长的一类修理。设备大修就是将设备全部或大部分解体，修复基础件，更换或修复机械零件、电器元件，调整修理电气系统，整机装配和调试，以达到全面清除大修前存在的缺陷、恢复设备规定的精度与性能的目的。

机电设备大修的修护技术和工作量，在大修前难以预测得十分准确。因此，在大修过程中，应从实际情况出发，及时地采取各种措施来弥补大修前预测的不足，并保证修理工作按计划或提前完成。

机电设备大修过程一般包括：解体前整机检查、拆卸部件、部件检查、必要的部件分解、零件清洗及检查、部件修理装配、总装配、空运转试车、负荷试车、整机精度检验、完工验收。在实际工作中应按大修作业计划进行并同时做好作业调度、作业质量控制以及完工验收等主要管理工作。

机电设备的大修过程一般可分为修前准备、修理过程和修后验收三个阶段。

1. 修前准备

为了使修护工作顺利地进行并做到准确无误，修护人员应认真听取操作者对设备修理的要求，详细了解待修设备的主要毛病，如设备精度丧失情况、主要机械零件的磨损程度、传动系统的精度状况和外观缺陷等；了解待修设备为满足工艺要求应作哪些部件的改进和改装，阅读有关技术资料、设备使用说明书和历次修理记录，熟悉设备的结构特点、传动系统和原设计精度要求，以便提出预检项目。经预检确定大件、关键件的具体修理方法，准备专用工具和检测量具，确定修后的精度检验项目和试车验收要求，这样就为整台设备的大修做好了各项技术准备工作。

2. 修理过程

修理过程开始后，首先进行设备的解体工作，按照与装配相反的顺序和方向，即"先上后下，先外后里"的方法，有次序地解除零部件在设备中相互约束和固定的形式。拆卸下来的零件应进行二次预检，根据二次预检的情况找出二次补修件；还要根据更换件和修复件的供应、修复情况，大致确定修理工作进度，以使修理工作有步骤、按计划地进行，以免因组织工作的衔接不当而延长修理周期。

设备修理能够达到的精度和效能与修理工作配备的技术力量、设备大修次数及修前技术状况等有关。一般认为，对于初次大修的机械设备，它的精度和效能都应达到原出厂的标准；经过两次以上大修的设备，其修后的精度和效能要比新设备低。如果上一次大修后的技术状态比较好，则将会使此次修理的质量容易接近原出厂的标准。反之，就会给下次大修造成困难，其修后质量较难接近原出厂标准，甚至无法进行修理。

对于在修理工作中能够恢复到原有精度标准的设备，应全力以赴，保证达到原有精度标准。对于恢复不到原出厂标准的设备，应有所侧重，根据该设备所承担的生产任务，对于关系较大的几项精度指标，多投入技术力量和多下功夫，使之达到保证生产工艺最起码的要求。对于具体零部件的修复，应根据待修工件的结构特点、精度高低并结合现场的修复能力，拟定合理的修理方案和相应的修复方法，进行修复直至达到要求。

设备整机的装配工作以验收标准为依据进行。装配工作应选择合适的装配基准面，确定误差补偿环节的形式及补偿方法，确保各零部件之间的装配精度，如平行度、同轴度、垂直度以及传动的啮合精度要求等。

3. 修后验收

凡是经过修理装配调整好的设备，都必须按规定的精度标准项目或修前拟定的精度项目，进行各项精度检验和试验，如几何精度检验、空运转试验、载荷试验和工作精度检验等，全面检查衡量所修理设备的质量、精度和工作性能的恢复情况。

设备修理后，应记录对原技术资料的修改情况和修理中的经验教训，做好修后工作小结，与原始资料一起归档，以备下次修理时参考。

1.4.2 设备修理方案的确定

设备大修，不但要达到预定的技术要求，而且要力求提高经济效益。因此，在修理前应切实掌握设备的技术状况，制定切实可行的修理方案，充分做好技术和生产准备工作；在修理中要积极采用新技术、新材料、新工艺和现代管理方法，做好技术、经济和组织管理工作，以保证修理质量，缩短停修时间，降低修理费用。

必须通过预检，在详细调查了解设备修理前技术状况、存在的主要缺陷和产品工艺对设备的技术要求后，分析制定修理方案，主要内容如下。

（1）按产品工艺要求，设备的出厂精度标准能否满足生产需要；如果个别主要精度项目标准不能满足生产需要，能否采取工艺措施提高精度；哪些精度项目可以免检。

（2）对多发性重复故障部位，分析改进设计的必要性与可能性。

（3）对关键零部件，如精密主轴部件、精密丝杠副、分度蜗杆副的修理，本企业维护人员的技术水平和条件能否胜任。

（4）对基础件，如床身、立柱、横梁等的修理，采用磨削、精刨或精铣工艺，在本企业或本地区其他企业实现的可能性和经济性。

（5）为了缩短修理时间，哪些部件采用新部件比修复原部件更经济。

（6）如果本企业承修，哪些修理作业需委托外企业协作，与外企业联系并达成初步协议。如果本企业不能胜任和不能实现对关键零部件、基础件的修理工作，应确定委托其他企业来承修，这些企业是指专业修理公司、设备制造公司等。

1.4.3 设备修理前的技术准备

机电设备大修前的准备工作很多，大多是技术性很强的工作，其完善程度和准确性、及时性都会直接影响大修进度计划、修理质量和经济效益。设备修理前的技术准备，包括设备修理的预检和预检的准备、修理图样资料的准备、各种修理工艺的制定及修理工检具的制造和供应。各企业的设备维护组织和管理分工有所不同，但设备大修前的技术准备工作内容及程序大致相同，如图1-5所示。

1. 预检

为了全面深入了解设备技术状态劣化的具体情况，在大修前安排的停机检查，通常称为预检。预检工作由主修技术人员负责，设备使用单位的机械人员和维护工人参加，并共同承担。预检工作量由设备的复杂程度、劣化程度决定，设备越复杂，劣化程度越严重，预检工作量就越大，预检时间也越长。

预检既可验证事先预测的设备劣化部位及程度，又可发现事先未预测到的问题，从而全面深入了解设备的实际技术状态，并结合已经掌握的设备技术状态劣化规律，作为制定修理方案的依据。从预检结束至设备解体大修开始之间的时间间隔不宜过长，否则有可能在此期间设备技术状态加速劣化，致使预检的准确性降低，给大修施工带来困难。

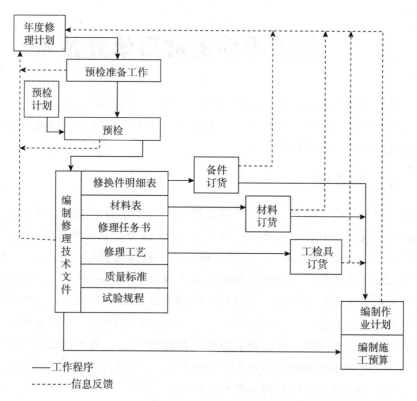

图 1-5　设备大修准备工作及程序

2. 编制大修技术文件

通过预检和分析确定修理方案后，必须以大修技术文件的形式做好修理前的技术准备。机电设备大修技术文件有修理技术任务书、修换件明细表、材料明细表、修理工艺和修理质量标准等。这些技术文件是编制修理作业计划，准备备品、配件、材料，校算修理工时与成本，指导修理作业以及检查和验收修理质量的依据，它的正确性和先进性是衡量企业设备维护技术水平的重要标志之一。

1.4.4　设备修理前的物质准备

设备修理前的物质准备是一项非常重要的工作，是做好维护工作的物质条件。实际工作中经常由于备品配件供应不上而影响修理工作的正常进行，延长修理停歇时间，造成"窝工"现象，使生产受到损失。因此，必须加强设备修理前的物质准备工作。

主修技术人员在编制好修换件明细表和材料明细表后，应及时将明细表交给备件、材料管理人员，备件、材料管理人员在核对库存后提出订货。主修技术人员在制定好修理工艺后，应及时把专用工、检具明细表和图样交给工具管理人员，工具管理人员经核对库存后，把所需用的库存专用工、检具，送有关部门鉴定，根据鉴定结果，如需修理提请有关部门安排修理，同时要对新的专用的工、检具，提出订货。

1.5 机械零件的常用修复技术

机械设备中难免会因为磨损、氧化、刮伤、变形等原因而失效，需要采用合理的、先进的工艺对零件进行修复。常用修复方法很多，如钳工修复法、机械修复法、焊接修复法、电镀修复法、胶接修复法等。

1.5.1 钳工修复法

钳工修复包括绞孔、研磨、刮研、钳工修补。绞孔是为了能提高零件的尺寸精度和减少表面粗糙度值，主要用来修复各种配合的孔，修复后其公差等级可达 IT7～IT9，表面粗糙度值可达 Ra3.2～0.8。在工件上研掉一层极薄表面层的精加工方法叫研磨。可得到较高的尺寸精度和形位精度。用刮刀从工件表面刮去较高点，再用标准检具涂色检验的反复加工过程称为刮研。刮研是一种间断切削的手工操作，它不仅具有切削量小、切削力小、产生热量小、夹装变形小的特点，而且由于不存在机械加工中不可避免的振动、热变形等因素，所以能获得很高的精度和很小的表面粗糙度值。可以根据实际要求把工件表面刮成中凹或中凸等特殊形状，这是机械加工不容易解决的问题。刮研是手工操作，不受工件位置和工件大小的限制。

1.5.2 机械修复法

利用机械连接，如螺纹连接、键、销、铆接、过盈连接和机械变形等各种机械方法，使磨损、断裂、缺损的零件得以修复的方法称为机械修复法。例如镶补、局部修换、金属扣合等，这些方法可以利用现有设备和技术，适应多种损坏形式，不受高温影响，受材质和修补层厚度的限制少，工艺易行，质量易于保证，有的还可以为以后的修理创造条件，因此应用很广。缺点是受到零件结构和强度、刚度的限制，工艺较复杂，被修件硬度高时难以加工，精度要求高时难以保证。

1. 修理尺寸法与零件修复中的机械加工

对机械设备的间隙配合副中较复杂的零件修理时可不考虑原来的设计尺寸，而采用切削加工或其他加工方法恢复其磨损部位的形状精度、位置精度、表面粗糙度和其他技术条件，从而得到一个新尺寸（这个尺寸，对轴来说比原来设计尺寸小；对孔来说则比原来设计尺寸大），这个尺寸即称为修理尺寸。而与此相配合的零件则按这个修理尺寸制作新件或修复，保证原有的配合关系不变，这种方法称为修理尺寸法。

例如轴、传动螺纹、键槽和滑动等结构都可以采用这种方法修复。但必须注意，修理后零件的强度和刚度仍应符合要求，必要时要进行验算，否则不宜使用该法修理。对于表面热处理的零件，修理后仍应具有足够的硬度，以保证零件修理后的使用寿命。

修理尺寸法的应用极为普遍，为了得到一定的互换性，便于备件的生产和供应，大多数修理尺寸均已标准化，各种主要修理零件都规定了各级修理尺寸。如内燃机的气缸套的修理尺寸，通常规定了几个标准尺寸以适应尺寸分级的活塞备件。

零件修复中，机械加工是最基本的、最重要的方法。多数失效零件需要经过机械加工来消除缺陷，最终达到配合精度和表面粗糙度等要求。它不仅可以作为一种独立的工艺手段获得修理尺寸，直接修复零件，还是其他修复方法的修前工艺准备和最后加工必不可少的手段。修复旧件的机械加工与新制件加工相比有不同的特点：它的加工对象是成品；旧件除工件表面磨损外。往往会有变形；一般加工余量小；原来的加工基准多数已经破坏，给装夹定位带来难度；加工表面多样，组织生产比较困难等。了解这些特点，有利于确保修理质量。

要使修理后的零件符合制造图样规定的技术要求，修理时不能只考虑加工表面本身的形状精度要求，还要保证加工表面与其他未修表面之间的相互位置精度要求，并使加工余量尽可能小。必要时，需要设计专用的夹具。因此要根据具体情况，合理选择零件的修理基准和采用适当的加工方法来加以解决。

加工后的零件表面粗糙度对零件的使用性能和寿命均有影响，如对零件加工精度及保持稳定性、疲劳强度、零件之间配合性质、抗腐蚀性等的影响。对承受冲击和交变载荷、重载、高速的零件更要注意表面质量，同时还要注意轴类零件的圆角半径，以免形成应力集中。另外，对高速运转的零件修复时还要保证其应有的静平衡和动平衡要求。

使用机械加工的修理方法，简便易行，修理质量稳定可靠，经济性好，在旧修复中应用十分广泛。缺点是零件的强度和刚度削弱，需要更换或修复相配件，使零件互换性复杂化。今后应加强修理尺寸的标准化工作。

2. 镶加零件修复法

配合零件磨损后，在结构和强度允许的条件下，增加一个零件来补偿由于磨损及修复而去掉的部分，以恢复原有零件精度，这样的方法称为镶加零件修复法。常用的有扩孔镶套、加垫等方法。

如图 1-6 所示，在零件裂纹附近局部镶加补强板，一般采用钢板加强，螺栓联接。脆性材料裂纹应钻止裂孔，通常在裂纹末端钻直径为 3~6mm 的孔。

图 1-7 所示为镶套修复法。对损坏的孔，可镗孔镶套，孔尺寸应镗大，保证套有足够刚度，套的外径应保证与孔有适当过盈量，套的内径可事先按照轴径配合要求加工好，也可留有加工余量，镶入后再加工至要求的尺寸。对损坏的螺纹孔可将旧螺纹扩大，切削螺纹，再加工一个内外均有螺纹的螺纹套拧入螺孔中，螺纹套内螺纹即可恢复原尺寸。对损坏的轴颈也可采用镶套修复法修复。

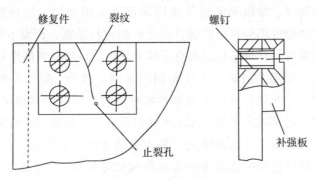

图 1-6　镶加补强板

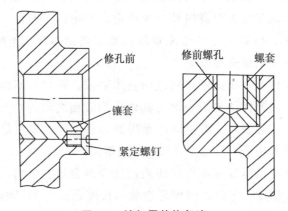

图 1-7　镶加零件修复法

　　镶加零件修复法在维护中应用很广。镶加件磨损后可以更换。有些机械设备的某些结构，在设计和制造时就应用了这一原理。对一些形状复杂或贵重零件，在容易摩擦的部位，预先镶装上零件，以便磨损后只需更换镶加件，即可达到修复的目的。

　　在车床上，丝杠、光杠、操纵杠与支架配合的孔磨损后，可将支架上的孔镗大，然后压入轴套。轴套磨损后可再进行更换。

　　汽车发动机的整体式气缸，磨损到极限尺寸后，一般都采用镶加零件修复法修理。

　　箱体零件的轴承座孔，磨损超过极限尺寸时，也可以将孔镗大，用镶加一个铸铁或低碳钢套的方法进行修理。

　　图 1-8 所示为机床导轨的凹坑，可采用镶加铸铁塞的方法进行修理。先在凹坑处钻孔、铰孔，然后制作铸铁塞，该塞子应能与铰出的孔过盈配合。将塞子压入孔后，再进行导轨精加工。如果塞子与孔配合良好，则加工后的结合面非常光滑平整。严重磨损的机床导轨，可采用镶加淬火刚导轨镶块的方法进行修复，如图 1-9 所示。

　　采用这种修复方法时应注意：镶加零件的材料和热处理，一般应与基体零件相同，必要时选用比基体性能更好的材料。

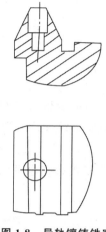

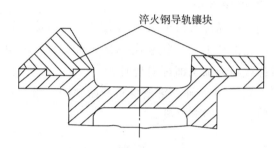

淬火钢导轨镶块

图 1-8　导轨镶铸铁塞　　　　图 1-9　床身镶加淬火钢导轨

为了防止松动，镶加零件与基体零件配合要有适当的过盈量，必要时可采用在端部加胶黏剂、止动销、紧定螺钉、骑缝螺钉或点焊固定等方法定位。

3. 局部修换法

有些零件在使用过程中，往往各部位的磨损量不均匀，有时只有某个部位磨损严重，其余部位尚好或磨损轻微。在这种情况下，如果零件结构允许，可将磨损严重的部位切除，将这部分制新件，用机械连接、焊接或粘接的方法固定在原来的零件上，使零件得以修复，这种方法称为局部修换法。该法应用很广泛。

图 1-10（a）所示将双联齿轮中磨损严重的小齿轮的轮齿切去，重制一个小齿圈，用键联接，并用骑缝螺钉固定；图 1-10（b）所示为在保留的轮毂上铆接重制的齿圈；图 1-10（c）所示为局部修换牙嵌式离合器以胶粘法固定。

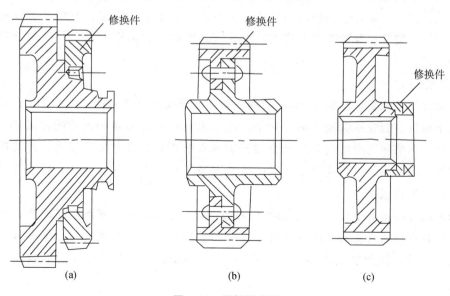

修换件　　　　　　修换件　　　　　　　　修换件

(a)　　　　　　　(b)　　　　　　　　(c)

图 1-10　局部修换法

4. 塑性变形法

塑性材料零件磨损后，为了恢复零件表面原有的尺寸精度，可采用塑性变形法修复。如滚花、镦粗法、挤压法、扩张法、热校直法等。

5. 换位修复法

有些零件局部磨损可采用调头转向的方法，如长丝杠局部磨损后可调头使用；单向传动齿轮翻转180°，将它换一个方向安装后利用未磨损面继续使用。但前提是必须结构对称或稍为加工即可实现时。

图1-11所示为轴上键槽重新开始制槽。图1-12所示为联接螺孔也可以转过一个角度，在旧孔之间重新钻孔。

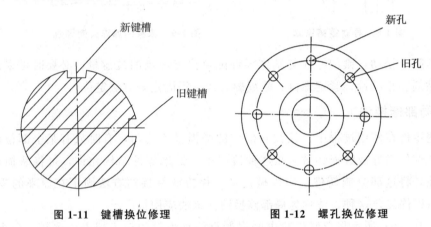

新键槽　　旧键槽　　新孔　　旧孔

图1-11　键槽换位修理　　　　　图1-12　螺孔换位修理

6. 金属扣合法

金属扣合法是利用高强度合金材料制成的特殊连接件以机械方式将损坏的机件重新牢固地连接成一体，达到修复目的的工艺方法。它主要适用于大型铸件裂纹或折断部位的修复。按照扣合的性质及特点，可分为强固扣合、强密扣合，优级扣合和热扣合四种工艺。

（1）强固扣合法

该法适用于修复壁厚为8～40mm的一般强度要求的薄壁机件。其工艺过程是：先在垂直于机件的裂纹或折断面的方向上，加工出具有一定形状和尺寸的波形槽，然后把形状与波形槽相吻合的高强度合金波形键镶入槽中，并在常温下铆击，使波形键产生塑性变形而充满槽腔，这样波形键的凸缘与波形槽的凹部相互扣合，使损坏的两面重新牢固地连接成一体。

通常将波形键的主要尺寸凸直径d、领部宽度b、间距l（波形槽间距W）设定成标准尺寸，根据机件受力大小和铸件壁厚决定波形键的凸缘个数、每个断裂部位安装波形键的键数、波形槽间距等。一般取b为3～6mm，其他尺寸可按下列经验公式计算：

$$d = (1.4 \sim 1.6)\, b \tag{3-1}$$

$$l = （2\sim2.2）b \tag{3-2}$$

$$t \leqslant b \tag{3-3}$$

通常选用的凸缘个数为 5、7、9。一般波形键材料常采用 1Crl8Ni9 或 1Crl8Ni9Ti 奥氏体镍铬钢。对于高温工作的波形键，可采用热膨胀系数与机件材料相同或相近的 Ni36 或 Ni42 等高镍合金钢制造。

波形键成批制作的工艺过程是：下料——挤压或锻压两侧波形——机械加工上下平面和修整凸缘圆弧——热处理。

波形槽的设计和制作波形槽尺寸除槽深 T 大于波形键厚度 t 外，其余尺寸与波形键尺寸相同，而且它们之间配合的最大间隙可达 0.1～0.2mm。槽深 T 可根据机件壁厚 H 面定，一般取 $T = （0.7\sim0.8）H$。

为改善工件受力状况，波形槽通常布置成一前一后或一长一短的方式。小型机件的波形槽加工可利用铣床、钻床等加工成形。大型机件因拆卸和搬运不便，因而采用手电钻和钻模横跨裂纹钻出与波形键的凸缘等距的孔，用锪钻将孔底锪平，钳工用宽度等于 b 的錾子修正波形槽宽度上的二平面，即成波形槽。

波形键的扣合与铆击波形槽加工好后，清理干净，将波形键镶入槽中，从波形键的两端向中间轮换对称铆击，使波形键在槽中充满，最后铆裂纹上的凹缘。一般以每层波形键比波形槽口（机体表面）铆低 0.5mm 左右为宜。

（2）强密扣合法

在应用了强固扣合法以保证一定强度条件以外，对于有密封要求的机件，如承受高压的气缸、高压容器等放防漏的零件，应采用强密扣合法，如图 1-13 所示。

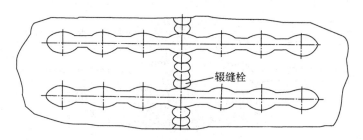

辍缝栓

图 1-13　强密扣合法

它是在强固扣合法的基础上，在两波形键之间、裂纹或折断面的结合线上，加工辍缝栓孔，并使第二次钻孔的辍缝栓孔稍微切入已装好的波形键和辍缝栓，形成一条密封的"金属纽带"，以达到阻止流体受压渗漏的目的。

辍缝栓可用直径 5～8mm 的低碳钢或纯铜等软质材料制造，这样便于铆紧。辍缝栓与机件的链接与波形键相同。

（3）优级扣合法

主要用于修复在工作过程中要求承受高载荷的厚壁机件，如水压机横梁、轧钢机主梁、辊筒等。为了使载荷分布到更多的面积和远离裂纹或折断处，需在垂直于裂纹或折断面的方向上镶入钢制的砖形加强件，用辍缝栓链接，有时还用波形键加强，如图 1-14 所示。

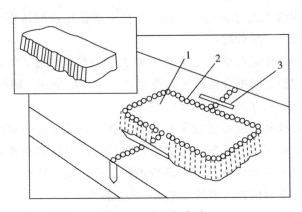

图 1-14 优级扣合法

1—加强件；2—级缝栓；3—波形键

加强件除砖形外还可以制成其他形式，如图 1-15 所示。图 1-15（a）用于修复铸钢件；图 1-15（b）用于多方面受力的零件；图 1-15（c）可将开裂处拉紧；图 1-15（d）用于受冲击载荷处，靠近裂纹处不加辍缝栓，以保持一定的弹性。

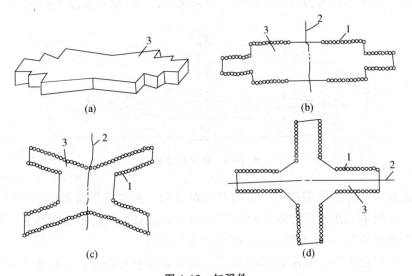

图 1-15 加强件

1—级缝栓；2—裂纹；3—扣合件

（4）热扣合法

热扣合法是利用加热的扣合件在冷却过程中发生收缩而将开裂的机件锁紧。该法适用于修复大型飞轮、齿轮和重型设备机身的裂纹及这段面。如图1-16所示，圆环状扣合件使用与于修复轮廓部分的损坏；工字形扣合件适用于机件壁部的裂纹或断裂。

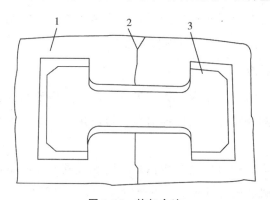

图 1-16　热扣合法
1—零件；2—裂纹；3—扣合件

综上所述，可以看出金属扣合法的优点是：使修复的机件具有足够的强度和良好的密封性；所需设备、工具简单，可现场施工；修理过程中机件不会产生热变形和热应力等。其缺点主要是：薄壁铸件（厚度＜8mm）不宜采用；波形键与波形槽的制作加工较麻烦等。

1.5.3　焊接修复法

利用焊接技术修复失效零件的方法称为焊接修复法。用于修补零件缺陷时称为补焊；用于恢复零件几何形状及尺寸，或使其表面获得具有特殊性能的熔敷金属时称为堆焊。焊接修复法在设备维护中占有很重要的地位，应用非常广泛。

焊接修复法的特点是：结合强度高；可以修复大部分金属零件因各种原因（如磨损、缺损、断裂、裂纹、凹坑等）引起的损坏；可局部修换，也能切割分解零件；用于校正形状，对零件进行预热和热处理；修复质量好、生产效率高；成本低，灵活性大；多数工艺简便易行，不受零件尺寸、形状、场地以及修补层厚度的限制，便于野外抢修。但焊接方法也有不足之处，主要是：热影响区大，容易产生焊接变形和应力，以及裂纹、气孔、夹渣等缺陷。对于重要零件焊接后应进行退火处理，以消除内应力。不宜修复较高精度、细长、薄壳类零件。

1. 钢制零件的焊修

机械零件所用的钢材料种类繁多，其可焊性差异很大。一般而言，钢中含碳量越高，合金元素种类和数量越多，可焊性就越差。一般低碳钢、中碳钢、低合金钢均有良好可焊性。焊修这些钢制零件时，主要考虑焊修时的受热变形问题。但一些中碳钢、合金结构钢、合金工具钢制件均经过热处理，硬度、精度要求较高，焊修时残余应力大，易产生裂纹、气孔和变形。为保证精度要求，必须采取相应的技术措施。如选择合适的焊条；焊前要彻底清除油污、锈蚀及其他杂质；焊前预热；焊接时尽量采用小电流、短弧，熄弧后马上用锤头敲击焊缝以减小焊缝内应力；用对称、交叉、短段、分层方法焊接以及焊后热处理等均可提高焊接质量。

2. 铸铁零件的焊修

铸铁在机械设备中的应用非常广泛。灰口铸铁主要用于制造各种支座、壳体等基础件，球墨铸铁已在部分零件中取代铸钢而获得应用。铸铁可焊性差，焊修时主要存在以下几个问题。

（1）铸铁含碳量高，焊接时易产生白口，既脆又硬；焊后不仅加工困难，而且容易产生裂纹；铸铁中磷、硫含量较高，也给焊接带来一定困难。

（2）焊接时，焊缝易产生气孔或咬边。

（3）铸铁零件原有气孔、砂眼、缩松等缺陷也易造成焊接缺陷。

（4）焊接时，如果工艺措施和保护方法不当，也易造成铸铁零件其他部位变形过大或电弧划伤而使工件报废。

因此，采用焊修法最主要的还是要提高焊缝和熔合区的可切削性，提高焊补处的防裂性能、防渗透性能和提高接头的强度。

铸铁零件的焊修分为热焊法、冷焊法和加热减应区补焊法等。

（1）热焊法。铸铁热焊是焊前将工件高温预热，焊后再加热、保温、缓冷。用气焊或电焊效果均好，焊后易加工，焊缝强度高、耐水压、密封性能好，尤其适用于铸铁零件的修复。但由于成本高、能耗大、工艺复杂、劳动条件差，因而应用受到限制。

（2）冷焊法。铸铁冷焊是在常温或局部低温预热状态下进行的，具有成本较低、生产率高、焊后变形小、劳动条件好等优点，因此得到广泛的应用。缺点是易产生白口和裂纹，对工人的操作技术要求高。

（3）加热减应区补焊法。选择零件的适当部位进行加热使之膨胀，对零件的损坏处补焊，以减少焊接应力与变形，该部位就称为减应区，此种方法就称为加热减应区补焊法。加热减应区补焊法的关键在于正确选择减应区，减应区加热或冷却不应影响焊缝的膨胀和收缩，应选在零件棱角、边缘和加强肋等强度较高的部位。

3. 钎焊修复法

采用比基体金属熔点低的金属材料作钎料，将钎料放置在焊件连接处，一同加热至高于钎料熔点、低于基体金属熔点的温度，利用液态钎料润湿基体金属，填充接头间隙并与基体金属相互扩散实现连接焊件的焊接方法称为钎焊。

（1）硬钎焊用熔点高于 450℃ 的钎料进行钎焊称为硬钎焊，如铜焊、银焊等。硬钎料还有铝、锰、镍、钼等及其合金。

（2）软钎焊用熔点低于450℃的钎料进行钎焊称为软钎焊，也称为低温钎焊，如锡焊等。软钎料还有铅、铋、镉、锌等及其合金。

钎焊较少受基体金属可焊性的限制，加热温度较低，热源较容易解决且不需特殊焊接设备，容易操作。但钎焊较其他焊接方法焊缝强度低，适于强度要求不高的零件裂纹和断裂的修复，尤其适用于低速运动零件的研伤、划伤等局部缺陷的补修。

例3-1 某机床导轨面产生划伤和研伤，采用锡铋合金钎焊修复，其工艺过程如下。

（1）锡铋合金焊条的制作（成分为质量分数）。在铁制容器内投入55%（熔点为232℃）的锡和45%的（熔点为271℃），加热至完全熔融，然后迅速注入角钢槽内，冷却凝固后便成为锡铋合金焊条。

（2）焊剂的配制（成分为质量分数）。将氯化锌12%、氯化亚铁21%、蒸馏水67%倒入玻璃瓶内，用玻璃棒搅拌至完全溶解后即可使用。

（3）焊前准备。焊前准备包括以下几个方面的工作。

①先用煤油或汽油等将待焊补部位擦洗干净，用氧乙炔火焰烧除油污。

②用稀盐酸去污粉，再用细钢丝刷反复刷擦，直至露出金属光泽，用脱脂棉沾丙酮擦洗干净。

③迅速用脱脂棉沾上1号镀铜液涂在待焊补部位，同时用干净的细钢丝刷刷擦，再涂再刷，直到染上一层均匀的淡红色。1号镀铜液（成分为质量分数）是在30%的浓盐酸中加入4%的锌，完全溶解后再加入4%的硫酸铜和62%的蒸馏水搅拌均匀配制而成的。

④用同样的方法涂擦2号镀铜液，反复几次，直到染成暗红色为止。镀铜液自然晾干后，用细钢丝刷擦净，至无脱落现象即可。2号镀铜液（成分为质量分数）是以75%的硫酸铜加25%的蒸馏水配制而成的。

（4）施焊。将焊剂涂在焊补部位及烙铁上，用已加热的300～500W电烙铁或紫铜烙铁切下少量焊条涂于施焊部位，用侧刃轻轻压住，趁焊条在熔化状态时，迅速地在镀铜面上往复移动涂擦，并注意赶出细缝及小凹坑中的气体。

（5）焊后检查和处理当导轨研伤完全被焊条填满并凝固之后，用刮刀以45°交叉形式仔细修刮。若有气孔、焊接不牢等缺陷，则补焊后修刮至符合要求。最后清理钎焊导轨面，并在焊缝上涂敷一层全损耗系统用油防腐蚀。

4．堆焊

采用堆焊法修复机械零件时，不仅可以恢复其尺寸，而且可以通过堆焊材料改善零件的表面性能，使其更为耐用，从而取得显著的经济效果。常用的堆焊方法有手工堆焊和自动堆焊两类。

（1）手工堆焊

手工堆焊是利用电弧或氧乙炔火焰熔化基体金属和焊条，采用手工操作进行的堆焊方法。由于手工电弧堆焊的设备简单、操作灵活、成本低，因此应用最为广泛。它的缺点是生产率低、稀释率较高，不易获得均匀且薄的堆焊层，劳动条件较差。手工堆焊方法适用于工件数量少且没有其他堆焊设备的条件下，或工件外形不规则、不利于机械堆焊的场合。手工堆焊方法的工艺要点如下。

①正确选用合适的焊条。根据需要选用合适的焊条，避免成本过高和工艺复杂化。

②防止堆焊层硬度不符合。要求焊缝被基体金属稀释是堆焊层硬度不够的主要原因，可采取适当减小堆焊电流或多层焊的方法来提高硬度。此外，还要注意控制好堆焊后的冷却速度。

③提高堆焊效率。应在保证质量的前提下提高熔敷率，如适当加大焊条直径和堆焊电流，采用填丝焊法以及多条焊等。

④防止裂纹。可采取改善热循环和堆焊过渡层的方法来防止产生裂纹。

（2）自动堆焊

自动堆焊与手工堆焊相比，具有堆焊层质量好、生产效率高、成本低、劳动条件好等优点，但需专用的焊接设备。

①埋弧自动堆焊。又称为焊剂层下自动堆焊，其特点是生产效率高、劳动条件好。堆焊时所用的焊接材料包括焊丝和焊剂，两者需配合使用以调节焊缝成分。埋弧自动堆焊工艺与一般埋弧堆焊工艺基本相同，堆焊时要注意控制稀释率和提高熔敷率。埋弧自动堆焊适用于修复磨损量大、外形比较简单的零件，如各种轴类、轧辊、车轮轮缘和履带车辆上的承重轮等。

②振动电弧堆焊。振动电弧堆焊的主要特点是：堆焊层薄且均匀，耐磨性好，工件变形小，熔深浅，热影响区窄，生产效率高，劳动条件好，成本低等。振动电弧堆焊的工作原理：将工件夹持在专用机床上，并以一定的速度旋转，堆焊机头沿工件轴向移动，焊丝以一定频率和振幅振动而产生电脉冲。堆焊时需不断向焊嘴提供冷却液（一般为4%～6%碳酸钠水溶液），以防止焊丝和焊嘴熔化粘结或在焊嘴上结渣。

1.5.4 热喷涂修复法

热喷涂是利用热源将喷涂材料加热至熔融状态，通过气流吹动使其雾化并高速喷射到零件表面，以形成喷涂层的表面加工技术。喷涂层与基体之间，以及喷涂层中颗粒之间主要是通过镶嵌、咬合、填塞等机械形式连接。

热喷涂修复法基本工艺流程包括：表面净化、表面预加热，表面粗化，喷涂结合底层，喷涂工作层，喷后机械加工，喷后质量检查等。

1.5.5 电镀修复法

镀铬是用电解法修复零件的最有效方法之一，不仅可修复磨损表面的尺寸，而且能改善零件表面的性能，特别是提高表面的耐磨性。镀铬工艺是：镀前准备、电镀、镀后加工及处理。

镀铁又称镀钢，按电解液的温度不同分为高温镀铁和低温镀铁。这种方法获得的镀层力学性能好，工艺简单，操作方便，在修复和强化零件方面可取代高温镀铁。镀铁工艺为镀前预处理、侵蚀、电镀，镀后处理。

电刷镀技术是电镀技术的新发展，它的显著特点是设备轻便，工艺灵活，沉积速度快，镀层种类多，镀层结合强度高，适应范围广，对环境污染小，省水省电等。

1.5.6 胶接修复法

胶接就是通过胶粘剂将两个以上同质和不同质的物体连接在一起，胶接是通过胶粘剂与被胶接物体表面之间物理的或化学的作用实现的。胶接工艺的特点是胶结力较强，可胶接各种金属或非金属材料。目前钢铁的最高胶接强度可达 75MP，胶接中无须高温，不会有变形。

胶粘接工艺流程是零件的清洗检查、机械处理、出油、化学处理、胶粘接调剂、胶接、固化、检查。

本章小结

本章主要讲述了设备维护体系、机电设备维护技术的作用与发展趋势、机械设备的失效形式及其对策、设备维护前的准备工作、机械零件的常用修复技术等相关知识，通过本章的学习，读者应了解设备的劣化及补偿、设备维护体系的三大方面知识；了解我国设备维护技术的发展概况、设备维护技术的发展趋势、机电设备维护课程的性质和任务；了解机械零件的磨损、变形、断裂、蚀损知识及其对策；掌握设备大修理工艺过程、设备修理方案的确定、设备修理前的技术准备和设备修理前的物质准备；了解机械零件的常用修复技术主要有钳工修复法、机械修复法、焊接修复法、热喷涂修复法、电镀修复法和胶接修复法等。

本章习题

1. 简述机电设备维护技术的发展趋势。

2. 机械零件的失效形式有哪几大类？

3. 机械磨损过程曲线对机电设备的维护、使用有什么指导意义？

4. 机械零件的磨损形式主要有哪几种？有何对策？

5. 对于机电设备中零件的变形，应从哪些方面进行控制？

6. 机械零件常见的断裂形式有哪几类？实际工作中常采用哪些方法来减少断裂的发生？

7. 简述设备修理工艺过程。

8. 设备修理前的准备工作内容是什么？

9. 确定零件失效的基本准则是什么？

第2章
常用低压电器

本章导读

　　低压电器是电气控制中的基本组成元件，随着电子技术、自动控制技术和计算机应用的迅猛发展，一些电气元件可被电子线路所取代。但是由于电气元件本身也朝着新的领域扩展，表现在元件的性能提高，元件的应用范围扩展，新型元件的应用等，且某些电气元件有其特殊性，所以不可能被完全取代。另外，可编程序控制器是计算机技术与继电接触器控制技术相结合的产物，而且 PLC 的输入、输出仍然与低压电器密切相关，因此应熟悉常用低压电器的原理、结构、型号、规格和用途，并能正确选择、使用与维护。

本章目标

　　• 了解机床电气控制系统中常用的低压电器、保护电器、主令电器、执行电器，以及机床中常用的一些其他电器
　　• 了解低压电器的结构组成、工作原理、型号规格、图形符号与文字符号、选用原则等方面的知识

2.1　低压电器的基本知识

　　电器是指根据特定的信号和控制要求，能接通与断开电路，改变电路参数，实现对电路或非电路对象的保护、控制、切换、检测和监视等功能的电气设备。按照工作电压等级，电器分为高压电器和低压电器。高压电器是用于交流电压 1200V、直流电压 1500V 及以上电路中的电器，例如高压断路器、高压隔离开关、高压熔断器等。低压电器是用于交流 50Hz（或 60Hz），额定电压为 1200V 以下，直流额定电压 1500V 的电器，例如接触器、继电器等。

2.1.1 低压电器的分类

低压电器的种类繁多、结构各异、功能多样。常用低压电器的分类方法有以下几种。

1. 按动作方式分类

按动作方式分类,低压电器可分为手动电器和自动电器两种。

(1) 手动电器:采用手工或依靠机械力进行操作的电器,如手动开关、控制按钮、行程开关等主令电器。

(2) 自动电器:借助于电磁力或某个物理量的变化自动进行操作的电器,如接触器、各种类型的继电器、电磁阀等。

2. 按用途分类

按用途分类,自动电器可分为低压配电电器、低压控制电器、低压保护电器、低压主令电器和低压执行电器。

(1) 低压配电电器:主要有刀开关、组合开关、负荷开关、自动开关等。

(2) 低压控制电器:在电力拖动自动控制系统中,低压控制电器主要有接触器、继电器、控制器等。

(3) 低压保护电器:主要用于电路与电气设备的安全保护,有断路器、热继电器、熔断器、电压继电器、电流继电器等。

(4) 低压主令电器:用于发送控制信号,有按钮、行程开关、主令开关、万能转换开关等。

(5) 低压执行电器:通常用于传送动力、驱动负载,主要有电磁阀、电磁铁、气动阀等。

3. 按工作原理分类

按工作原理分类,自动电器可分为电磁式电器和非电量控制电器两种。

(1) 电磁式电器:依据电磁感应原理工作,如接触器、电磁式继电器等。

(2) 非电量控制电器:依靠外力或某种非电物理量的变化而动作的电器,如刀开关、行程开关、按钮、速度继电器、温度继电器等。

2.1.2 低压电器的电磁机构与执行机构

电磁式电器在电气控制线路中使用量最大,类型也很多,各类电磁式电器在构造上基本相同,主要由电磁机构和执行机构两部分组成。电磁机构按电源种类可分为交流和直流两种,执行机构则可分为触头和灭弧装置。

1. 电磁机构

电磁机构的主要作用是将电磁能量转换成机械能量,带动触点动作、接通或分断电路。电磁机构由铁心、衔铁和线圈等部分组成。其作用原理是:当线圈中有电流通过时，产生电磁吸力，电磁吸力克服弹簧的反作用力，使衔铁与铁心闭合，衔铁带动连接机构运动．从而带动相应触头动作，完成通、断电路的控制作用。接触器常用的电磁系统结构，如图 2-1 所示。

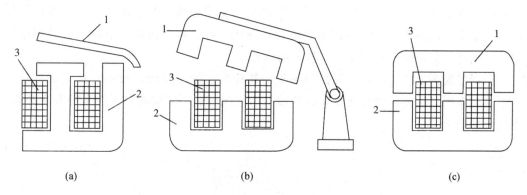

图 2-1　常用的磁路结构

（a）绕棱角转动的拍合式铁心；（b）绕轴转动的拍合式铁心；（c）双 E 型直动式铁心

1—衔铁；2—铁心；3—线圈

铁心可以分为以下三种。

（1）衔铁绕棱角转动的拍合式铁心，如图 2-1（a）所示，这种结构广泛应用于直流电器中。

（2）衔铁绕轴转动的拍合式铁心，如图 2-1（b）所示，其形状有 E 形和 U 形两种，此种结构多用于触点容量较大的交流电器中。

（3）衔铁直线运动的双 E 型直动式铁心，如图 2-1（c）所示，这种结构多用于交流接触器、继电器中。

电磁式电器分为直流与交流两大类。直流电磁铁铁心由整块铸铁铸成，而交流电磁铁的铁心则用硅钢片叠成，以减小铁损（磁滞损耗及涡流损耗）。

图 2-1 中线圈的作用是将电能转化为磁场能。按通过线圈电流性质的不同，分为直流线圈和交流线圈两种。

实际应用中，由于直流电磁铁仅有线圈发热，所以线圈的匝数多、导线细，制成细长形，且不设线圈骨架，线圈与铁心直接接触，利于线圈的散热。而交流电磁铁由于铁心和线圈均发热，所以线圈匝数少、导线粗，制成短粗形，吸引线圈没有骨架，且铁心与线圈隔离，利于铁心和线圈的散热。

2. 触头系统

（1）触头系统材料

触头是电器的执行机构，起接通和断开电路的作用。若要使触头具有良好的接触性能，通常采用铜质材料制成。由于在使用中，铜的表面容易氧化而生成一层氧化铜，使触头接触电阻增大，容易引起触头过热，影响电器的使用寿命，因此，对于电流容量较小的电器（如接触器、继电器等），常采用银质材料作为触头材料，因为银的氧化

膜电阻率与纯银相似，从而避免触头表面氧化膜电阻率增加而造成触头接触不良。

（2）触头系统结构形式

触头系统主要有以下几种结构形式。

①桥式触头。如图2-2（a）和图2-2（b）为桥式触头，其中图2-2（a）为点接触的桥式触头，而图2-2（b）为面接触的桥式触头。点接触型适用于电流不大且触头压力小的场合，面接触则适用于电流较大的场合。

②指形触头。图2-2（c）为指形触头，其接触区为一直线，触头在接通与分断时产生滚动摩擦，可以去掉氧化膜，故其触头用纯铜制造，特别适合于触头分合次数多、电流大的场合。

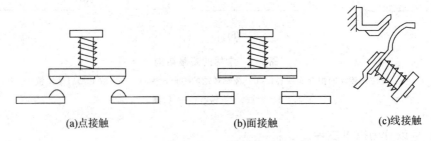

(a)点接触　　　　　　　(b)面接触　　　　　　　(c)线接触

图2-2　触头的结构形式

3. 灭弧系统

触头在分断电流的瞬间，在触头间的气隙中就会产生电弧，电弧的高温能将触头烧坏，并可能造成其他事故。因此，应采取适当的措施迅速熄灭电弧。

（1）熄灭电弧的措施

熄灭电弧的主要措施有以下几个。

①迅速增加电弧长度（拉长电弧），使得单位长度内维持电弧燃烧的电场强度不够而使电弧熄灭。

②使电弧与流体介质或固体介质相接触，加强冷却和去游离作用，使电弧加快熄灭。

（2）常用的灭弧方法

低压电器常用的具体灭弧方法有以下几个。

①机械灭弧法。通过机械装置将电弧迅速拉长，这种方法多用于开关电器中。

②磁吹灭弧。在一个与触头串联磁吹线圈产生的磁场作用下，电弧受电磁力的作用而拉长，被吹入由固体介质构成的灭弧罩内，与固体介质接触，电弧被迅速冷却而熄灭。

③窄缝灭弧。在电弧形成的磁场电动力的作用下，可使电弧拉长并进入灭弧罩的窄缝中，几条纵缝即可将电弧分割成数段且与固体介质相接触，电弧迅速熄灭。这种结构多用于交流接触器上。

④栅片灭弧法。当触头分开时，产生的电弧在电动力的作用下被推入一组金属栅片中并被分割成数段，彼此绝缘的金属栅片的每一片都相当于一个电极，因而就有许多个阴阳极压降。对交流电弧来说，近阴极处，在电弧过零时就会出现一个 $150\sim250V$ 的介质强度，使电弧无法继续维持而熄灭。交流电器常常采用栅片灭弧法，如图 2-3 所示。

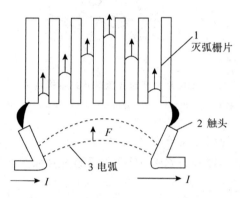

图 2-3　金属栅片灭弧示意图

2.2　低压开关电器

开关是低压电器中最常用的电器之一，其作用是分合电路、开断电流。常用的开关有刀开关、组合开关、低压空气断路器等。

2.2.1　刀开关

刀开关又称闸刀开关或隔离开关，它是手动控制电器中最简单，而使用较广泛的一种低压电器。主要用作隔离电源，分断负载，也可用于不频繁地接通和分断容量不大的低压电路或直接启动小容量电机。若在刀开关上安装熔丝或熔断器，可组成既有通断电路又有保护作用的负荷开关。常用的负荷开关有开启式和封闭式两种类型。

1. 开启式负荷开关

（1）开启式负荷开关的结构

开启式负荷开关俗称胶盖瓷底刀开关，由于它结构简单，价格便宜，使用维护方便，广泛应用在电气照明、电动机控制等电路中。

开启式负荷开关由刀开关和熔断器组合成。瓷底板上装有进线座、静触头、熔丝、出线座及刀片式动触头，操作部分用胶木盖罩住，以防电弧灼伤人手。如图 2-4 所示为常用的 HK 系列开启式负荷开关的外形结构。

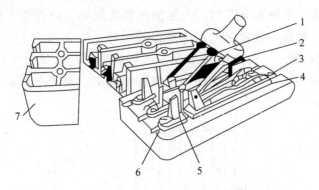

图 2-4 HK 系列开启式负荷开关结构示意图

1—手柄；2—动触头；3—出线座；4—瓷底座；5—静触头；6—进线座；7—胶盖

（2）开启式负荷开关的型号及符号

开启式负荷开关的文字符号为 QS，型号和图形符号如图 2-5 所示。

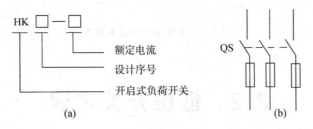

图 2-5 开启式负荷开关型号及符号

（a）型号；（b）符号

（3）开启式负荷开关的选用

①额定电流选择。选择刀开关时，应根据控制对象的类型和大小，计算出相应负载电流大小，选择相应额定电流的刀开关。一般应等于或大于所分断电路中各个负载电流的总和。对于电动机负载，应考虑其启动电流，所以应选额定电流大一级的刀开关。若考虑电路出现的短路电流，还应选择额定电流更大一级的刀开关。

②用途和安装位置选择。选用刀开关时，还要根据刀开关的用途和安装位置选择合适的型号和操作方式。同时根据刀开关的作用和装置的安装形式来选择是否带灭弧装置，以及选择是正面、背面，还是侧面操作形式。

（4）开启式负荷开关使用注意事项

①安装时应将开启式负荷开关垂直安装在控制柜的开关板上，且合闸状态时手柄向上，不允许倒装或平装，以防止发生误合闸事故。

②电源进线应接在静插座一边的进线端，用电设备应接在动触头一边的出线端。当开启式负荷开关控制照明和电热负载时，须安装熔断器作短路和过载保护。在刀开关断开时，闸刀和熔丝均不得通电，以确保更换熔丝时的安全。

③当开启式负荷开关用作电动机的控制开关时，应将开关的熔体部分用铜导线直

连，并在出线端加装熔断器作短路保护。在更换熔体时务必把闸刀断开，在分闸和合闸操作时，为避免出现电弧，动作应果断迅速。

2. 封闭式负荷开关

封闭式负荷开关又称铁壳开关，主要用于手动不频繁地接通和断开带负载的电路，也可用于控制 15kW 以下的交流电动机不频繁地直接启动和停止。

（1）封闭式负荷开关的结构

封闭式负荷开关主要由刀开关、熔断器、操作机构和外壳组成。图 2-6 所示为 HH4 型铁壳开关的结构。

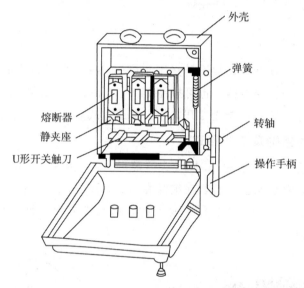

图 2-6　铁壳开关结构示意图

铁壳开关在操作机构上有两个优点：一是采用了弹簧储能分合闸，有利于迅速熄灭电弧，从而提高开关的通断能力；二是设有联锁装置，以保证开关在合闸状态下开关盖不能开启，而当开关盖开启时又不能合闸以确保操作安全。

（2）封闭式负荷开关的型号及符号

封闭式负荷开关的文字符号图形符号与开启式相同，其型号如图 2-7 所示。

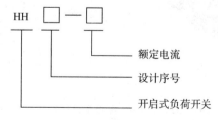

图 2-7　HH4 型铁壳开关型号

（3）封闭式负荷开关的选用

在选择封闭式负荷开关时，应使其额定电压大于或等于电路的额定电压，其额定电流大于或等于线路的额定电流。对于电热器和照明电路，可根据额定电流选择；对于电动机，铁壳开关额定电流可选电动机额定电流的 1.5 倍。

（4）封闭式负荷开关注意事项

封闭式负荷开关在使用中应注意开关的金属外壳须可靠接地或接零，防止因意外漏电而发生触电事故，接线时应将电源线接在静触点的接线端上，负荷接在熔断器一端。

封闭式负荷开关不允许随意放置在地上，也不允许面向开关进行操作，以免在开关无法切断短路电流的情况下，铁壳爆炸飞出伤人。

2.2.2　组合开关

组合开关又称为转换开关，常用于交流 380V、直流 220V 以下的电气控制电路中，供手动不频繁地接通或分断电路，也可控制 3kW 以下小容量异步电动机的启动、停止和正反转。它体积小、灭弧性能比刀开关好，接线方式多，操作方便。

1. 组合开关的结构及工作原理

组合开关由动触头（动触片）、静触头（静触片）、转轴、手柄、定位机构及外壳等部分组成，其动、静触头分别叠装在绝缘壳内。如图 2-8 所示为常用 HZ10－10/3 型组合开关结构示意图。当转动手柄时，每层的动触头随方形转轴一起转动，从而实现对电路的通、断控制。

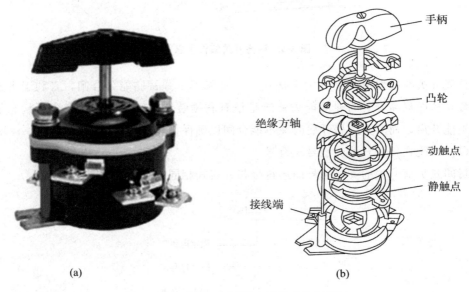

(a)　　　　　　　　　　　　(b)

图 2-8　HZ10－10/3 型组合开关结构示意图

a）外形　b）结构

这种组合开关有三对静触头，每一对静触头的一端固定在绝缘垫板上，另一端伸出盒外,并附有接线端,以便和电缆及用电设备的导线相连接。三对动触头由两个铜片和灭弧性能良好的绝缘钢纸板铆接而成,和绝缘垫板一起套在有手柄的绝缘杆上,手柄能沿任意一个方向每次旋转90°,带动三对触头分别与三对静触头接通或断开,顶盖部分由凸轮、弹簧及手柄等构成操作机构,此操作机构由于采用了弹簧储能使开关快速闭合及分断,保证了开关在切断负荷电流时所产生的电弧能迅速熄灭,其分断与闭合的速度和手柄旋转速度无关。

2. 组合开关的型号及符号

组合开关文字符号为 QS,其图形符号和型号如图 2-9 所示。

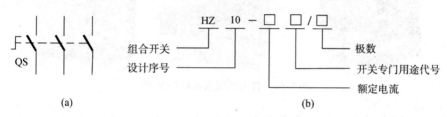

图 2-9　组合开关图形符号和型号

(a) 符号；(b) 型号

3. 组合开关的选用

选用组合开关主要考虑电源的种类、电压等级、所需触点数及电动机的功率等因素。用于照明或电热电路时,组合开关的额定电流应等于或大于被控制电路中各负载电流的总和。用于电动机电路时,组合开关的额定电流应取电动机额定电流 1.5 倍。组合开关的通断能力较低,不能用来分断故障电流。用于控制异步电动机的正反转时,必须在电动机停转后才能反向启动,且每小时的接通次数最多不能超过 20 次。

4. 组合开关的注意事项

在安装和使用组合开关时,应把其安装在控制箱或壳体内,操作手柄最好安装在控制箱的前面或侧面。开关为断开状态时手柄应在水平位置。若需在箱内操作,最好将组合开关安装在箱内上方,若附近有其他电器,则需采取隔离措施或者绝缘措施。

2.2.3　低压断路器

低压断路器又称为自动空气开关,它集控制与保护功能于一体,相当于刀开关、熔断器、热继电器和欠电压继电器的组合,用于不频繁地接通和断开电路,以及控制电动机的运行。当电路中发生严重过载、短路及失电压等故障时,能自动切断故障电路,有效地保护电气设备。断路器具有操作安全、使用方便、工作可靠、动作值可调、分断能力较高、兼顾多种保护、动作后不需要更换组件等优点,因此得到广泛应用。

1. 低压断路器结构

低压断路器结构可分为塑壳式低压断路器（装置式）和框架式低压断路器（万能式）两大类，框架式断路器主要用作配电网络的保护开关，而塑壳式断路器除用作配电网络的保护开关外，还用作电动机、照明线路的控制开关。

常见的几种低压断路器外形如图 2-10 所示。

图 2-10　常见低压断路器的外型

低压断路器主要由触头、操作机构、脱扣器、灭弧装置等组成。操作机构有直接手柄操作、杠杆操作、电磁铁操作和电动机驱动 4 种。脱扣器又分电磁脱扣器、热脱扣器、复式脱扣器、欠电压脱扣器、分励脱扣器等 5 种。如图 2-11 所示为低压断路器结构示意图。

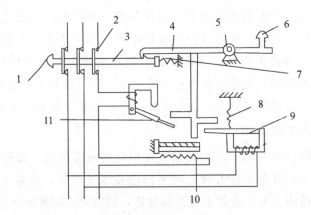

图 2-11　低压断路器的结构

1—按钮；2—触点；3—传动杆；4—锁扣；5—轴；6—分断按钮；7—分闸弹簧
8—拉力弹簧；9—欠压、失压脱扣器；10—过载脱扣器；11—短路电流脱扣器

2. 断路器的工作原理

在图 1-11 中，断路器处于闭合状态，三个主触头串联在被控制的三相主电路中，按下按钮接通电路时，外力使锁扣克服反作用弹簧的反力，将固定在锁扣上面的动触头与静触头闭合，并由锁扣锁住搭钩使动、静触点保持闭合，开关处于接通状态。在正常工作中，各脱扣器均不动作，而当电路发生过载、短路、欠压等故障时，分别通过各自的脱扣器使锁扣被杠杆顶开，实现保护作用。

（1）过载保护

当线路发生过载时，过载电流流过热元件产生一定的热量，使图 1-11 中过载脱扣器的双金属片受热向上弯曲，通过杠杆推动搭钩与锁扣脱开，在反作用弹簧的推动下，动、静触点分开，从而切断电路，使用电设备不致因过载而烧毁。

（2）短路保护

当线路发生短路故障时，短路电流流过图 1-11 短路电流脱扣器，超过电磁脱扣器的瞬时脱扣整流电流，电磁脱扣器产生足够大的吸力将衔铁吸合，通过杠杆推动搭钩与锁扣分开，从而切断电路，实现短路保护。

（3）欠压和失压保护

当线路电压正常时，欠压脱扣器的衔铁被吸合，衔铁与杠杆脱离，断路器的主触点能够闭合；当线路上的电压消失或下降到某一数值，欠压脱扣器的吸力消失或减小到不足以克服拉力弹簧的拉力时，衔铁在拉力弹簧的作用下撞击杠杆，将搭钩顶开，使触点分断。由此也可看出，具有欠压脱扣器的断路器在欠压脱扣器两端无电压或电压过低时，不能接通电路。

3. 低压断路器型号及符号

低压断路器型号及含义如图 2-12（a）所示，低压断路器图形文字符号为 QF，其图形符号如图 2-12（b）所示。

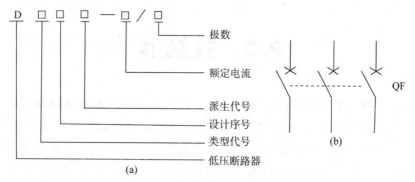

图 2-12　低压断路器图形符号

（a）型号及含义；（b）图形文字符号

4. 低压断路器的选用

低压断路器的选用时主要考虑额定电压、额定电流、脱扣器整定电流和分励、欠压脱扣器的电压电流等参数，具体原则如下：

（1）额定工作电压和额定电流应分别不低于线路设备的正常额定工作电压和工作电流或计算电流。断路器的额定工作电压与通断能力及使用类别有关，同一台断路器产品可以有几个额定工作电压和相对应的通断能力使用类别。

（2）低压断路器的热脱扣器的整定电流应等于所控制负载的额定电流。

（3）低压断路器的过载脱扣整定电流与所控制的电动机的额定电流或负载额定电

流一致。

（4）低压断路器的额定短路通断能力大于或等于电路中可能出现的最大短路电流。

（5）低压断路器的欠电压脱扣器额定电压等于电路额定电压。

（5）低压断路器类型应根据电路的额定电流及保护的要求进行选择。

5. 低压断路器使用注意事项

使用低压断路器应注意以下几项。

（1）运行中应保证灭弧罩完好无损，严禁无灭弧罩使用或使用破损灭弧罩。

（2）低压断路器用电源开关或电动机控制开关时，在电源进线侧必须加装熔断器或刀开关等，以形成明显的断开点。

（3）如果分断的是短路电流，应及时检查触点系统，若发现电灼烧痕，应及时修理或更换。

（4）低压断路器上的积灰应定期清除，并定期检查各脱扣器动作值，给操作机构加合适的润滑剂。

（5）框架式断路器的结构较复杂，除要求接线正确外，机械传动机构也应灵活可靠。运行中可在转动部分涂少许机油，脱扣器线圈铁芯吸合不好时，可在它的下面垫以薄片，以减小衔铁与铁芯的距离而使引力增大。

（6）断路器的整定电流分为过负荷和短路两种，运行时应按周期核校整定电流值。

2.3　接触器

接触器是一种用来频繁地接通和断开中、远距离用电设备主回路及其他大容量用电负载的电磁式控制电器，主要的控制对象是电动机，也可以用于控制其他电力负载，如电热设备、照明线路、电容器组等，是电力拖动控制系统中最重要也是最常用的控制电器。接触器按其控制电路的种类，分为交流接触器和直流接触器两大类。由于交流接触器应用更为广泛，本节重点介绍。

2.3.1　接触器的结构及工作原理

1. 交流接触器的结构

交流接触器主要由电磁机构、触点系统、灭弧装置及辅助部件构成。如图 2-13 所示为 CJ20 型交流接触器的外形与结构示意图。

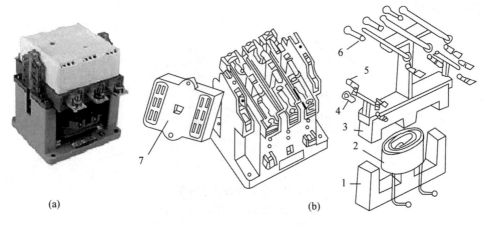

图 2-13　交流接触器外形与结构示意图

（a）外形；（b）结构

1—静铁芯；2—线圈；3—衔铁；4—常开辅助触点；5—常闭辅助触点；6—主触点；7—灭弧罩

（1）电磁机构

电磁机构是由线圈、静铁芯、动铁芯（又称为衔铁）和空气隙等组成。线圈通电时产生磁场，动铁芯被吸引静铁芯，带动触点动作，控制电路的接通与分断。为了限制涡流的影响，动、静铁芯采用 E 形硅钢片叠压铆接而成。

交流接触器衔铁的运动方式，对于额定电流为 40A 及以下的采用直动式；对于额定电流为 60A 及以上的，多采用衔铁绕轴转动的拍合式，如图 2-14 所示。

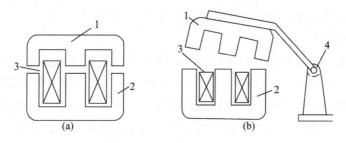

图 2-14　交流接触器衔铁运动方式

（a）直动式；（b）拍合式

1—衔铁；2—铁心；3—线圈；4—轴

交流接触器的衔铁在吸合过程中，一方面受到线圈产生的电磁吸力的作用，另一方面受到复位弹簧的弹力及其他机械阻力的作用，只有电磁吸力大于这些阻力时，衔铁才能被吸合。由于交流电磁铁线圈中的电流是交变的，所以它产生的电磁吸力也是脉动的。电流为零时，电磁吸力也为零，交流电每变化一个周期，衔铁将释放两次，若交流电源频率为 50Hz，则电磁吸力为 100Hz 的脉动吸力，于是在工作时，衔铁将会振动，并产生较大的噪音。为了解决这一问题，在铁心和衔铁的两个不同端部各开一个槽，在槽内嵌装一个用铜、康铜或镍铬合金制成的短路环，又称减振环或分磁环，如图 2-15 所示。

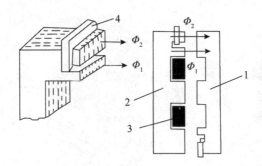

图 2-15　交流接触器的短路环

1—衔铁；2—铁心；3—线圈；4—短路环

加上短路环后，磁通被分为两部分，一部分为不通过短路环的 Φ_1；另一部分为通过短路环的 Φ_2。由于电磁感应，使 Φ_1 与 Φ_2 间有一个相位差，它们不会同时为零，因此它们产生的电磁吸力也没有同时为零的时刻，如果配合比较合适的话，电磁吸力将始终大于反作用力，使衔铁牢牢地吸合，这样就消除了振动和噪音。一般短路环包围铁心端面的 2/3。

交流接触器的线圈是利用绝缘性能较好的电磁线绕制而成，是电磁机构动作的能源，一般并接在电源上，为了减少分流作用，降低对原电路的影响，需要阻抗较大，因此线圈匝数多、导线细。对于交流接触器，除了线圈发热外，铁心中有涡流和磁滞损耗，铁心也会发热，并且占主要地位。为了改善线圈和铁心的散热情况，在铁心和线圈之间留有散热间隙，而且把线圈做成有骨架的矮胖型。

（2）触点系统

交流接触器触点是接触器的执行部件，接触器就是通过触点的动作来分合被控电路的。交流接触器的触点一般采用双断点桥式触点。动触点桥一般用紫铜片冲压而成，并具有一定的钢性，触点块用银或银基合金制成，镶焊在触点桥的两端；静触点桥一般用黄铜板冲压而成，一端镶焊触点块，另一端为接线座。动、静触点的外形及结构如图 2-16 所示。

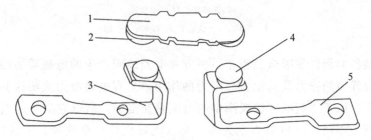

图 2-16　动、静触点外形结构图

1—动触头桥；2—动触头块；3—静触头桥；4—静触头块；5—接线柱

按通断能力触点分为主触点和辅助触点。主触点用于通断电流较大的主电路，体积较大，一般由三对动合触点组成；辅助触点用于通断电流较小的控制电路，体积较小，一般由两对动合触点和两对动断触点组成。

（3）灭弧装置

交流接触器在断开大电流电路或高电压电路时，在高热和强电场的作用下，触点表面的自由电子大量溢出形成炽热的电子流，即电弧。电弧的产生一方面会烧蚀接触器触点，缩短其使用寿命；另一方面还使切断电路的时间延长，甚至造成弧光短路或引起火灾。因此，为使电弧迅速熄灭，可采用将电弧拉长、使电弧冷却、把电弧分割成若干短弧等方法，灭弧装置就是基于这些原理设计的。

容量较小的交流接触器，如 CJ0-10 型，采用的是双断点桥式触点，本身就具有电动灭弧功能，不用附加任何装置，便可使电弧迅速熄灭，其灭弧示意图如图 2-17 所示。

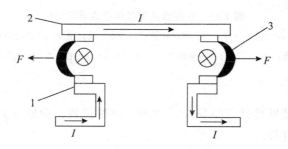

图 2-17　双断点触点的电动力吹弧

1—静触点；2—动触点；3—电弧

当触点断开电路时，在断口处产生电弧，静触点和动触点在弧区内产生如图 2-17 所示的磁场，根据左手定则，电弧电流将受到指向外侧方向的电磁力 F 的作用，从而使电弧向外侧移动，一方面使电弧拉长，另一方面使电弧温度降低，有助于电弧熄灭。

对容量较大的接触器，如 CJ0-20 型，采用灭弧罩灭弧；CJ0-40 型采用金属栅片灭弧装置。

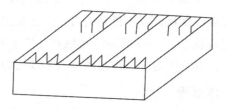

图 2-18　灭弧罩结构图

灭弧罩由陶土材料制成，其结构如图 2-18 所示。安装时灭弧罩将触点罩住，当电弧发生时，电弧进入灭弧罩内，依靠灭弧罩对电弧进行降温，因此使电弧容易熄灭，也防止电弧飞出。金属灭弧栅片是由镀铜或镀锌的铁片制成，形状一般为人字形，栅片插在灭弧罩内，各片之间相互绝缘。当触点分断产生电弧时，电弧周围产生磁场，电弧在磁场力的作用下进入栅片，被分割成许多串联的短弧，每个栅片就成了电弧的电极，电弧电压低于燃弧电压，同时栅片使电弧的热量散发，加速了电弧的熄灭，其工作原理示意图如图 2-19 所示。

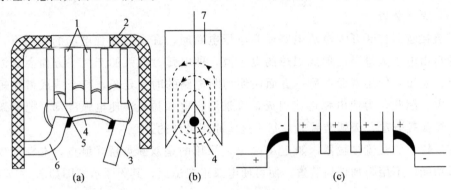

图 2-19　金属栅片灭弧装置的原理结构

（a）栅片灭弧原理；（b）栅片中的磁场分布；（c）栅片将电弧分成短弧

1—灭弧栅；2—灭弧罩；3—动触点；4—电弧；5—短电弧；6—静触点；7—栅片

（4）辅助部件

交流接触器的辅助部件包括反作用弹簧、缓冲弹簧、动触点固定弹簧、动触点压力弹簧片及传动杠杆等。

反作用弹簧安装在动铁心和线圈之间。其作用是在线圈断电后，促使动铁心迅速释放，各触点恢复原始状态。

缓冲弹簧安装在静铁心与线圈之间，是一个钢性较强的弹簧，静铁心固定在胶木底盖上。其作用是缓冲动铁心在吸合时对静铁心的冲击力，保护外壳免受冲击，以防损坏。

动触点固定弹簧安装在传动杠杆的空隙间。其作用是通过活动夹并利用弹力将动触点固定在传动杠杆的顶部，有利于触点的维护或更换。

动触点压力弹簧片安装在动触点的上面，有一定的钢性。其作用是增加动、静触点之间的压力，从而增大接触面积，减小接触电阻，防止触点过热。

传动杠杆的一端固定动铁心，另一端固定动触点，安装在胶木壳体的导轨上。其作用是在动铁心或反作用弹簧的作用下，带动动触点实现与静触点的接通或分断。

2. 交流接触器的工作原理

当电磁线圈通电后，线圈流过的电流产生磁场，使静铁心产生足够的吸力，克服反作用弹簧和动触点压力弹簧片的反作用力，将动铁心吸合。同时带动传动杠杆使动触点和静触点的状态发生改变，其中三对动合主触点闭合，主触点两侧的两对动断辅助触点断开，两对动合辅助触点闭合。当电磁线圈断电后，由于铁心电磁吸力消失，动铁心在反作用弹簧的作用下释放，各触点也随之恢复原始状态。

交流接触器的线圈电压在 85%～105% 额定电压时，都能保证可靠工作。电压过高，磁路趋于饱和，线圈电流将显著增大；电压过低，电磁吸力不足，动铁心吸合不上，线圈电流往往达到额定电流的十几倍。因此，线圈电压过高或过低都会造成线圈过热而烧毁。

3. 交流接触器的型号及符号

交流接触器的型号含义如图 2-20 所示，交流接触器在电路中的文字符号为 KM，图形符号如图 2-21 所示。

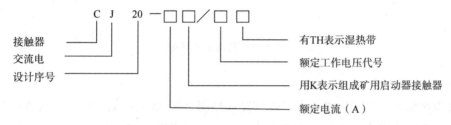

图 2-20　交流接触器的型号

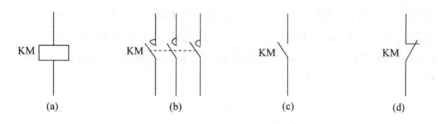

图 2-21　接触器图形符号

（a）线圈；（b）主触点；（c）动合辅助触点；（d）动断辅助触点

4. 直流接触器

直流接触器是一种频繁地操作和控制直流电动机的控制电器，主要用于远距离接通或分断额定电压 440V、额定电流 600A 及以下的直流电路。普遍采用的是 CZ0 系列和 CZ18 系列，它们的结构及工作原理与交流接触器基本相同。

（1）铁心与衔铁

由于直流接触器的线圈通过的是直流电，铁心不会产生涡流和磁滞损耗，也不会发热，因此铁心和衔铁采用整块铸钢或软铁制成即可。直流接触器正常工作时，衔铁没有产生振动和噪音的条件，那么铁心的端面也不需要嵌装短路环。但在磁路中为保证衔铁的可靠释放，常垫以非磁性垫片，以减少剩磁影响。

（2）线圈

线圈的绕制与交流接触器相同，但线圈的匝数比交流接触器多，因此线圈的电阻值大，铜耗大，所以主要是线圈发热。为增大线圈的散热面积，通常把线圈做成高而薄的瘦高形，且不设骨架，使线圈与铁心间隙很小，以借助铁心来散发部分热量。

（3）触点系统

直流接触器的触点系统多制成单极的，只有小电流才制成双极的，触点也有主、辅之分，由于主触点的通断电流较大，多采用滚动线接触的指形触点，如图 2-22 所示。

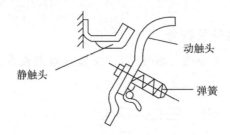

图 2-22　指形触点外形

（4）灭弧装置

直流接触器一般采用磁吹式灭弧装置，如图 2-23 所示。磁吹式灭弧装置中的磁吹线圈利用扁铜线弯成，通过绝缘套套在铁心上，和静触点相串联。该线圈产生的磁场由导磁夹板引向触点周围，其方向由右手螺旋定则确定（为图中×所示），触点间的电弧也产生磁场（其方向为图中⊙所示）。这两个磁场在电弧下方方向相同（叠加），在弧柱上方方向相反（相减），所以电弧下方的磁场强于上方的磁场，电弧将从磁场强的一边被拉向磁场弱的一边，于是电弧向上运动，被吹离触点，经引弧角引进灭弧罩中，使电弧很快熄灭。

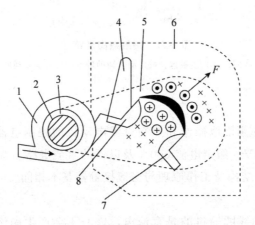

图 2-23　磁吹灭弧示意图

1—磁吹线圈；2—绝缘套；3—铁心；4—引弧角；
5—倒磁夹板；6—灭弧罩；7—动触点；8—静触点

2.3.2　接触器的选用

1. 常用接触器介绍

常用的交流接触器有 CJ10、CJl2、CJ10X、CJ20、CJX2、3TB、3TD、LC1-D、LC2-D 等系列。

CJ10、CJ12 系列为早期全国统一设计系列产品,但目前仍在广泛地使用。

CJ10X 系列为消弧接触器,是近年发展起来的新产品,适用于工作条件差、频繁启动和反接制功电路中。

CJ20 系列为全国统一设计的新产品。常用的直流接触器有 CZ0、CZ18 系列、CZ21、CZ22 系列等。

近年来从国外引进的产品有德国的 B 系列、3TB 系列接触器,法国的 LC1-D、LC2-D 系列接触器,它们符合国际标准。如 B 系列具有通用部件多和附件多的特点,这种接触器除触头系统外,其余零部件均可通用;临时装配的附件有辅助触头(高达 8 对)、气囊式延时器、机械联锁、自锁继电器,以及对主触头进行串、并联改接用的接线板等。其安装方式有螺钉固定式与卡轨式两种。此外,采用"倒装"式结构,即主触头系统在后面,磁系统在前面,其优点是:安装方便,更换线圈容易,并缩短主触头的连接导线。国产的 CJX1 和 CJX2 系列交流接触器也具有这些特点。

2. 接触器的主要技术参数

(1) 额定电压

额定电压指接触器主触点上的额定电压。电压等级通常有以下两种。

交流接触器:127V,220V,380V,500V 等。

直流接触器:110V,220V,440V,660V 等。

(2) 额定电流

额定电流指接触器主触点的额定电流。电流等级通常有以下两种。

交流接触器:10A,20A,40A,60A,100A,150A,250A,400A,600A。

直流接触器:25A,40A,60A,100A,250A,400A,600A。

(3) 线圈额定电压

线圈额定电压指接触器线圈两端所加额定电压,电压等级通常有以下两种。

交流线圈:12V,24V,36V,127V,220V,380V。

直流线圈:12V,24V,48V,220V,440V。

(4) 接通与分断能力

接通与分断能力指接触器的主触点在规定的条件下能可靠地接通和分断的电流值,而不应发生熔焊、飞弧和过分磨损等情况。

(5) 额定操作频率

额定操作频率指每小时接通次数。交流接触器最高为 600 次/h;直流接触器可达 1200 次/h。

(6) 动作值

动作值指接触器的吸合电压与释放电压。国家标准规定接触器在额定电压 85% 以上时,应可靠吸合,释放电压不高于额定电压的 70%。

3. 接触器的选用

(1) 根据控制对象所用电源类型选择接触器类型,一般交流负载用交流接触器,直流负载用直流接触器。

（2）根据控制对象类型和使用场合，合理选择接触器主触点的额定电流。控制电阻性负载时，主触点的额定电流应等于负载的额定电流。控制电动机时，主触点的额定电流应稍大于电动机的额定电流。当接触器使用在频繁启动、制动及正反转场合时，主触点额定电流应选用高一个等级。

（3）所选接触器主触点的额定电压应大于或等于被控制对象线路的额定电压。

（4）接触器线圈电压的选择。当控制线路简单并且使用电器较少时，应根据电源等级选用380V或220V的电压。当线路复杂时，从人身和设备安全角度考虑，可以选择36V或110V电压的线圈，控制回路要增加相应变压器予以降压隔离。

（5）根据被控制对象的要求，合理选择接触器类型及触点数量。

2.4　继电器

继电器是一种根据电气量（电压、电流等）或非电气量（热、时间、转速、压力等）的变化接通或断开电路，主要用于各种控制电路中进行信号传递、放大、转换等，控制主电路和辅助电路中的器件按预定的动作程序进行工作，实现自动控制和保护的目的。

继电器一般由感测机构、中间机构和执行机构三部分组成。感测机构把感测到的电气量或非电气量传递给中间机构，将它与预定的值（整定值）进行比较，当整定值（过量或欠量）时，中间机构便使执行机构动作，从而接通或断开电路。继电器用于控制小电流的电路，触点额定电流不大于5A，不加灭弧装置。

继电器的种类很多，按输入信号的性质可分为：电压继电器、电流继电器、时间继电器、温度继电器、速度继电器、压力继电器等。按工作原理可分为：电磁式继电器、感应式继电器、电动式继电器、热继电器和电子式继电器等。按动作时间可分为瞬时继电器、延时继电器。按用途可分为：控制继电器、保护继电器等。本节介绍几种常用的继电器。

2.4.1　电磁式继电器

电磁式继电器结构简单、价格低廉、使用维护方便，广泛地应用于控制系统中。常用的电磁式继电器有电压继电器、电流继电器、中间继电器等。

1. 电磁式继电器的结构与工作原理

电磁式继电器的结构和工作原理与接触器相似，即感受机构是电磁系统，执行机构是触头系统。它主要用于控制电路，触头容量小（一般在5A以下），触头数量多且无主、辅之分，无灭弧装置，体积小，动作迅速、准确，控制灵敏、可靠。

图2-24为直流电磁式继电器结构示意图，在线圈两端加上电压或通入电流，产生

电磁力，当电磁力大于弹簧反力时，吸动衔铁使常开常闭触点动作；当线圈的电压或电流下降或消失时衔铁释放，触点复位。

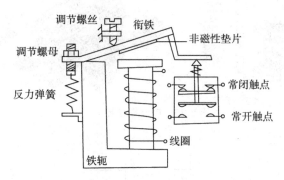

图 2-24　直流电磁式继电器结构示意图

2. 电磁式继电器的整定

继电器的吸动值和释放值可以根据保护要求在一定范围内调整，现以图 1-24 所示直流电磁式继电器为例说明。

（1）转动调节螺母，调整反力弹簧的松紧程度可以调整动作电流（电压）。弹簧反力越大，动作电流（电压）就越大；反之就越小。

（2）改变非磁性垫片的厚度。非磁性垫片越厚，衔铁吸合后磁路的气隙和磁阻就越大，释放电流（电压）也就越大；反之越小，而吸引值不变。

（3）调节螺丝，可以改变初始气隙的大小。在反作用弹簧力和非磁性垫片厚度一定时，初始气隙越大，吸引电流（电压）就越大；反之就越小，而释放值不变。

3. 电流继电器

电流继电器是根据输入电流大小而动作的继电器。电流继电器的线圈串入电路中，以反映电路电流的变化，其线圈匝数少、导线粗、阻抗小。

按用途不同电流继电器可分为：欠电流继电器和过电流继电器。欠电流继电器的吸引线圈吸合电流为线圈额定电流的 $30\% \sim 65\%$，释放电流为额定电流的 $10\% \sim 20\%$，它用于欠电流保护或控制，如电磁吸盘中的欠电流保护。过电流继电器在电路正常工作时不动作，当电流超过某一定值时才动作，整定范围为 $110\% \sim 400\%$ 的额定电流，其中交流过电流继电器为 $110\% \sim 400\% I_N$，直流过电流继电器为 $70\% \sim 300\% I_N$。过电流继电器用于过电流保护或控制，如起重机电路中的过电流保护。电流继电器外形如图 2-25 所示，图形符号如图 2-26 所示。常用的电流继电器的型号有 JL12、JL15 等。

图 2-25　电流继电器外形

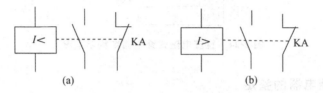

(a)　　　　　　　　　　　　(b)

图 2-26　电流继电器的图形符号

（a）欠电流继电器；（b）过电流继电器

4. 电压继电器

　　电压继电器是根据输入电压大小而动作的继电器。与电流继电器类似，电压继电器可分为欠电压继电器、过电压继电器和零电压继电器。过电压继电器动作电压范围为 $105\% \sim 120\% U_N$；欠电压继电器吸合电压动作范围为 $20\% \sim 50\% U_N$；释放电压调整范围为 $7\% \sim 20\% U_N$；零电压继电器当电压降低至 $5\% \sim 25\% U_N$ 时动作，它们分别起过压、欠压、零压保护。

图 2-27　电压继电器外形

　　电压继电器工作时并入电路中，线圈的匝数多，导线细，阻抗大，用于反映电路中电压变化。电压继电器外形如图 2-27 所示，图形符号如图 2-28 所示。电压继电器常用在电力系统继电保护中，在低压控制电路中使用较少。

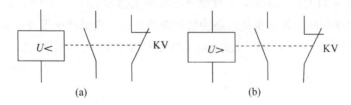

(a)　　　　　　　　　　　　(b)

图 2-28　电压继电器的图形符号

（a）欠电压继电器；（b）过电压继电器

5. 中间继电器

中间继电器属于电压继电器，主要用在 500V 及以下的小电流控制回路中，用来扩大辅助触点数量，进行信号传递、放大、转换等。它具有触点数量多，触点容量不大于 5A，动作灵敏等特点，得到广泛的应用。

中间继电器的工作原理及结构与接触器基本相似，不同的是中间继电器触点对数多，且没有主辅触点之分，触点允许通过的电流大小相同，且不大于 5A，无灭弧装置。因此，对于工作电流小于 5A 的电气控制线路，可用中间继电器代替接触器进行控制，常用的中间继电器型号有 JZ47、JZl4 等。其外形如图 2-29 所示。电气图形符号如图 2-30 所示。

图 2-29　中间继电器外形

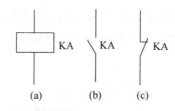

图 2-30　中间继电器的图形符号

（a）中间继电器线圈；（b）动合触点；（c）动断触点

2.4.2　热继电器

电动机在运行过程中，如果长期过载、欠压运行或者断相运行都可能使电动机的电流超过它的额定值。如果超过额定值的量不大，熔断器不会熔断，将会引起电动机过热，损坏绕组的绝缘，缩短电动机的使用寿命，严重时甚至烧坏电动机。因此，电动机必须采取过载保护，最常用的是利用热继电器进行过载保护。

1. 热继电器的分类和型号

热继电器的种类繁多，按极数划分，热继电器可分为单极、两极和三极 3 种，其中 3 极的又包括带断相保护装置的和不带断相保护装置；按复位方式划分，有自动复位式和手动复位式。

常用的 JRS1 系列和 JR20 系列热继电器的型号及含义如图 2-31。电气图形符号如图 2-32 所示。

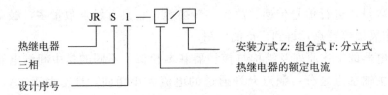

图 2-31　热继电器的型号及含义

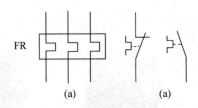

图 2-32　热继电器的图形符号

（a）热元件；（b）触点

2. 热继电器结构及工作原理

热继电器的结构主要由热元件、动作机构和复位机构三部分组成。动作系统常设有温度补偿装置，保证在一定的温度范围内，热继电器的动作特性基本不变。图 2-33 所示为 JR 系列双金属片式热继电器的外形及内部结构。

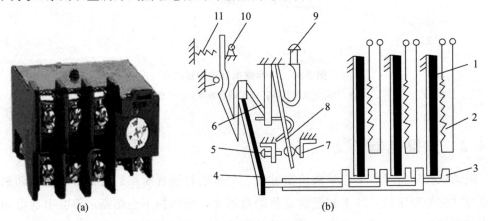

图 2-33　JR 系列双金属片式热继电器外形及内部结构

（a）外形；（b）内部结构

1—主双金属片；2—电阻丝；3—导板；4—补偿双金属片；5—螺钉；6—推杆

7—静触头；8—动触头；9—复位按钮；10—调节凸轮；11—弹簧

热继电器是一种利用电流的热效应来切断电路的保护电器。将加热元件串接在主电路中，当电动机过载时，过大的电流通过主双金属片，在其中产生热量的积累，从而受热弯曲推动导板，并通过补偿双金属片与推杆使常闭触点（串接在控制回路）分开，以切断电路保护电动机。通过调节凸轮的半径即可改变补偿双金属片与导板的接触距离，达到调节整定动作电流值的目的。

3. 热继电器的选用

选择热继电器主要根据所保护电动机的额定电流来确定热继电器的规格和热元件的电流等级。原则上热继电器的额定电流应按照略大于电动机的额定电流来选择。一般情况下，热继电器的整定值为电动机额定电流的 0.95～1.05 倍。但是如果电动机拖动的负载是冲击性负载或启动时间较长及拖动的设备不允许停电的场合，热继电器的整定值可取电动机额定电流的 1.1～1.5 倍。如果电动机的过载能力较差、热继电器的整定位可取电动机额定电流的 0.6～0.8 倍。同时，整定电流应留有一定的上、下限调整范围。

在不频繁启动的场合，要保证热继电器在电动机启动过程中不产生误动作。若电动机 Is＝6Ie，启动时间＜6s，很少连续启动，可按电动额定电流配置。

2.4.3　时间继电器

时间继电器是一种从得到输入信号（线圈的通电或断电）起，延时到预先的整定值时才有输出信号（触点闭合或断开）的控制电器。它的种类很多，按工作原理与构造不同，时间继电器可分为空气阻尼式、电动式、电子式、电磁式等；按延时方式可分为通电延时型和断电延时型两种。常用的时间继电器外形如图 2-34 所示。

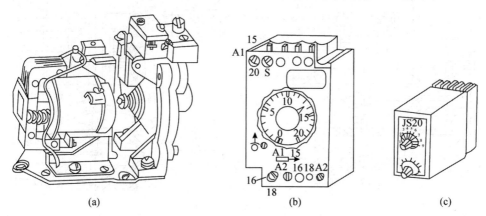

图 2-34　常用的时间继电器外形
（a）空气阻尼式；（b）电动式；（c）电子式

1. 空气阻尼式时间继电器

空气阻尼式时间继电器是利用空气阻尼作用而达到延时的目的，可以做成通电延时和断电延时两种。它结构简单，价格低廉，延时范围较大（0.4～180s），在控制电路中广泛应用。现以 JS7－A 系列为例介绍其工作原理。

JS7—A 系列空气阻尼式时间继电器由电磁系统、延时机构和工作触点三部分组成。将电磁机构翻转 180°安装后，通电延时型可以改换成断电延时型，同样，断电延时型也可改换成通电延时型。空气阻尼式时间继电器的外形结构如图 2-35 所示。

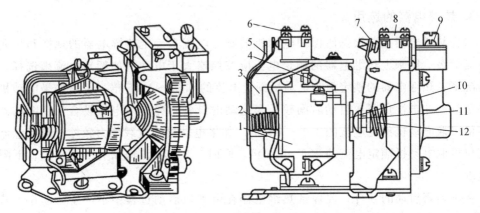

图 2-35　空气阻尼式时间继电器的外形结构示意图

1—线圈；2—反力弹簧；3—衔铁；4—静铁芯；5—弹簧片；6、8—微动开关；7—杠杆

9—调节螺钉；10—推杆；11—活塞杆；12—塔式弹簧

空气阻尼式时间继电器（JS7—A 系列）的工作原理示意图如图 2-36 所示。其中图 2-36（a）所示为通电延时型，图 2-36（b）所示为断电延时型。

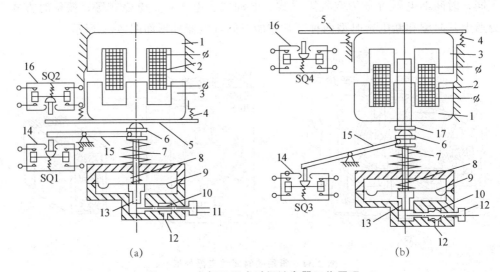

（a）　　　　　　　　　　　　　　　　（b）

图 2-36　空气阻尼式时间继电器工作原理

（a）通电延时结构示意图；（b）断电延时结构示意图

1—铁芯；2—线圈；3—衔铁；4—反力弹簧；5—推板；6—活塞杆；7—塔式弹簧；8—弱弹簧；

9—橡皮膜；10—节流孔；11—调节螺钉；12—进气孔；13—活塞；14、16—微动开关；17—推杆

（1）**通电延时型**

如图 2-36（a）所示。它的主要功能是线圈通电后，触点不会立即动作，而要延长

一段时间才动作；当线圈断电后，触点立即复位。

动作过程如下：当线圈通电时，衔铁克服反力弹簧 4 的阻力，与固定的铁心吸合，活塞杆在宝塔弹簧的作用下向上移动，空气由进气孔进入气囊。经过一段时间后，活塞才能完成全部过程，到达最上端，通过杠杆压动延时触点 SQ1，使常闭触点延时断开，常开触点延时闭合。延时时间的长短取决于节流孔的节流程度，进气越快，延时就越短。延时时间的调节是通过旋动节流孔螺钉，改变进气孔的大小。瞬动触点 SQ2 在衔铁吸合后，通过推板立即动作，使常闭触点瞬时断开，常开触头瞬时闭合。

当线圈断电时，衔铁在弹簧的作用下，通过活塞杆将活塞推向最下端，这时橡皮膜下方气室内的空气通过橡皮膜，弱弹簧和活塞的局部所形成的单向阀，很迅速地从橡皮膜上方气室缝隙中排掉，使延时触点 SQ1 的常闭触点瞬时闭合，常开触点瞬时断开，而瞬动触点 SQ2 的触点也瞬时动作，立即复位。

（2）断电延时型

如图 2-36（b）所示，它和通电延时型的组成元件是通用的，只是电磁铁翻转 180°。当线圈通电时，衔铁被吸合，带动推板压合瞬动触点 SQ4，使常闭触点瞬时断开，常开触点瞬时闭合，同时衔铁压动推杆，使活塞杆克服弹簧的阻力向下移动，通过拉杆使延时触点 SQ3 也瞬时动作，常闭触点断开，常开触点闭合，没有延时作用。

当线圈断电时，衔铁在反力弹簧的作用下瞬时断开，此时推板复位，使瞬动触点 SQ4 的各触点瞬时复位，同时使活塞杆在塔式弹簧及气室各元件作用下延时复位，使延时触点 SQ3 的各触点延时动作。

2. 电动式时间继电器

电动式时间继电器是由同步电机带动减速齿轮以获得延时的时间继电器。目前应用较普遍的为 HS17 系列。它适用于交流 50Hz、额定电压 500V 及以下的自动控制线路中。HS17 系列通电延时型电动式时间继电器的结构示意图如图 2-37 所示。

当同步电动机接通电源后，经减速齿轮带动齿轮 z_2、z_3 绕轴空转，但轴并不转动。若需延时，接通离合电磁铁的线圈回路，使离合电磁铁动作，将齿轮 z_3 刹住，这样，齿轮 z_2 在继续转动过程中，还同时沿着齿轮 z_3 的伞形齿，以轴为圆心同轴一起作圆周运动，一旦固定在轴上的凸轮随轴转动到适当位置时，即预先延时整定的位置，将推动脱扣机构，使延时触点动作，并用一动断触点来切断同步电动机的电源。当需继电器复位时，可将离合电磁铁的线圈电源切断，这时所有机构将在复位游丝的作用下返回到动作前的状态，为下次延时作准备。

延时长短可通过改变整定装置中定位指针的位置，即改变凸轮的初始位置来实现，但定位指针的调整对于通电延时型时间继电器应在离合电磁铁线圈断电情况下进行。

由于电动式时间继电器应用的是机械延时原理，所以延时范围宽，其延时时间可在 0～72h 范围内调整，并且延时值不受电源电压波动及环境温度变化的影响，而且延时的整定偏差较小，一般在最大整定值的 ±1% 范围内，这些是它的优点。其主要缺点是机械机构复杂，成本高，不适宜频繁操作等。

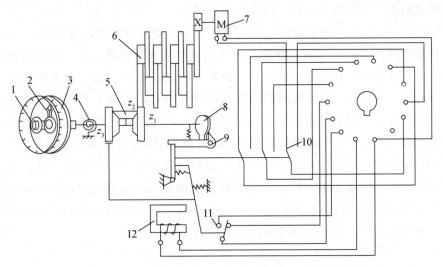

图 2-37　JS17 系列通电延时型电动式时间继电器的结构示意图

1—延时调整处；2—指针；3—刻度盘；4—复位游丝；5—差动轮系；6—减速齿轮；

7—同步电机；8—凸轮；9—脱口机构；10—延时触点；11—瞬动触点；12—离合电磁铁

3. 电子式时间继电器

电子式时间继电器也称为晶体管式时间继电器或半导体式时间继电器，除了执行继电器外，均由电子元件组成，具有机械结构简单、延时范围广、精度高、返回时间短、消耗功率小、耐冲击、调节方便和寿命长等优点。

电子式时间继电器种类很多，常用的是阻容式时间继电器。它利用电容对电压变化的阻尼作用来实现延时。其代表产品为 JS20 系列，HS20 系列有单结晶体管电路及场效应管电路两种。图 2-38 为由单结晶体管组成的通电延时型时间继电器的电路图。

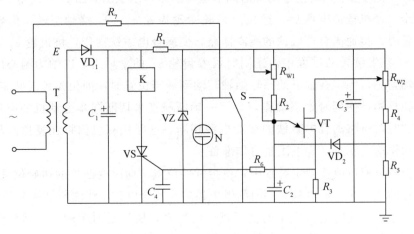

图 2-38　JS20 系列单结晶体管时间继电器电路

全部电路由延时环节、鉴幅器、输出电路、电源和指示灯五部分组成。电源的稳

压部分由 R_1 和稳压管 VZ 构成，供给延时和鉴幅电路；输出电路中的晶闸管 VS 和继电器 K 则由整流电路直接供电。电容 C_2 的充电回路有两条：一条是通过电阻 R_{w1} 和 R_2；另一条是通过由低阻值电阻 R_{w2}、R_4、R_5 组成的分压器经二极管 VD_2 向电容 C_2 提供的预充电路。

电路的工作原理：当接通电源后，经二极管 VD_1 整流、电容 C_1 滤波以及稳压管 VZ 稳压的直流电压通过 R_{w2}、R_4、VD_2 向电容 C_2 以极低的时间常数快速充电。与此同时，也通过 R_{w1} 和 R_2 向该电容充电。电容上电压按指数规律逐渐上升，当此电压大于单结晶体管的峰点电压 UP 时，单结晶体管导通，输出电压脉冲触发晶闸管 VS。VS 导通后使继电器 K 吸合，除用其触点来接通或分断外电路外，还利用其另一对动合触点将 C_2 短路，使之迅速放电，为下一次使用做准备。此时氖指示灯 N 起辉，晶闸管仍保持导通，除非切断电源，使电路恢复到原来状态，继电器 K 才释放。

由上可知，从时间继电器接通电源，C_2 开始被充电，到继电器 K 动作为止的这段时间就是通电延时动作时间，只要调节 R_{w1} 和 R_{w2} 改变 C_2 的充电速度，就可调整延时时间。

JS20 系列电子式时间继电器产品品种齐全，具有延时时间长（用 $100\mu F$ 的电容可获得 1h 延时）、线路较简单、延时调节方便、性能较稳定、延时误差小、触点容量较大等优点。但也存在延时易受温度与电源波动的影响、抗干扰能力差、修理不便、价格高等缺点。

时间继电器的文字符号为 KT，图形符号如图 2-39 所示。

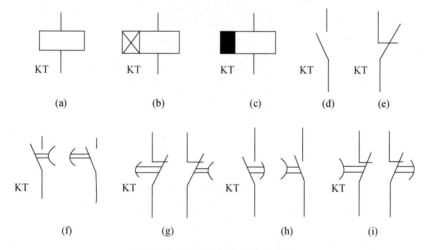

图 2-39　时间继电器的图形符号

（a）线圈一般符号；（b）通电延时线圈；（c）断电延时线圈；（d）瞬动动合触点
（e）瞬动动断触点；（f）通电延时闭合动合触点；（g）通电延时断开动断触点
（h）断电延时断开动合触点；（i）断电延时闭合动断触点

2.4.4 速度继电器

速度继电器是用来反映电动机转子转速与转向变化的继电器，主要用于异步电动机的反接制动转速过零时，自动切除反相序电源。常用的速度继电器有 YJ1 型和 JFZ0，其外形及结构如图 2-40 所示。

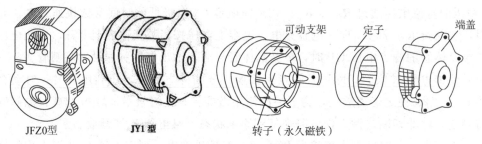

JFZ0型　　　　JY1 型　　　　转子（永久磁铁）

图 2-40　速度继电器外形及结构

1. 速度继电器的结构及工作原理

速度继电器主要由定子、转子和触点三部分组成。转子是一个圆柱形永久磁铁，定子是一个笼型空心圆环。转子轴与电动机的轴连接，而定子套在转子上。速度继电器的工作原理如图 2-41 所示。

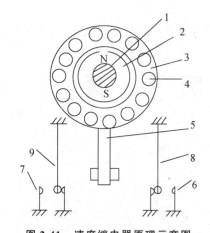

图 2-41　速度继电器原理示意图

1—转轴；2—转子；3—定子；4—绕组；5—摆锤

6、7—静触头；8、9—簧片

当电动机转动时，速度继电器的转子随之转动，在空间产生旋转磁场，切割定子绕组，并在定子绕组中产生感应电流。此电流与旋转的转子磁场作用产生转矩，于是定子随转子转动方向而旋转一定的角度，装在定子轴上的摆锤推动簧片动作，使常闭触头分断，常开触头闭合。当电动机转速低于某一值时，定子产生的转矩减小，触头在弹簧作用下复位。

2. 速度继电器图形符号

速度继电器文字符号为 KS，在电路图中的电气图形符号如图 2-42 所示。

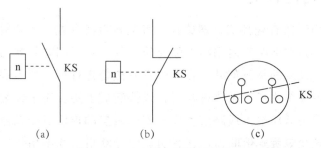

图 2-42　速度继电器的图形符号

（a）常开触点；（b）常闭触点；（c）转子

速度继电器的动作转速一般不低于 120r/min，复位转速约在 100r/min 以下，工作时允许的转速在 1000～3600r/min。可通过速度继电器的正转和反转切换触点的动作，来反映电动机转向和速度的变化。

2.5　熔断器

熔断器在电气线路中主要是用来做短路保护的电器，使用时串联在被保护的电路中。当电路发生短路故障，流过熔断器的电流达到或超过某一规定值时，使熔体产生热量而熔断，从而自动分断电路，起到保护作用。

2.5.1　熔断器的结构及工作原理

熔断器主要由熔体（俗称熔丝）和安装熔体的熔管（或熔座）两部分组成。熔体是熔断器的核心，通常由低熔点的铅、锡、锌、银、铜及其合金制成，常做成丝状、片状或栅状。熔管是装熔体的外壳，由陶瓷、绝缘钢纸制成，在熔体熔断时兼有灭弧作用。

熔断器在工作时，熔断器熔体熔断电流值与熔断时间的关系称为熔断器的保护特性曲线，也称熔断器的安—秒特性。如图 2-43 所示，由特性曲线可以看出，流过熔体的电流越大，熔断所需时间越短，熔体的额定电流 I_N 是熔体长期工作的电流，呈现反时限工作特性，即电流为额定电流时，长期不会熔断；通过电流（过载或短路）越大，熔断

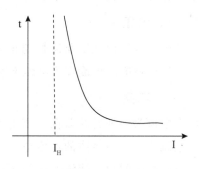

图 2-43　熔断器的安—秒特性曲线

时间越短。

2.5.2 熔断器的种类

熔断器按结构形式有瓷插式、螺旋式、有填料封闭管式、无填料封闭管式。有填料封闭管式熔断器是在熔断管内添加灭弧介质后的一种封闭式管状熔断器，添加的灭弧介质在目前广泛使用的是石英砂。石英砂具有热稳定性好、熔点高、热导率高、化学惰性大和价格低廉等优点。无填料封闭管式熔断器主要应用于经常发生过载和断路故障的电路中，作为低压电力线路或者成套配电装置的连续过载及短路保护。在电气控制系统中经常选用螺旋式熔断器，它有明显的分断指示和不用任何工具就可取下或更换熔体等优点。螺旋式熔断器结构及图形符号如图 2-44 所示。

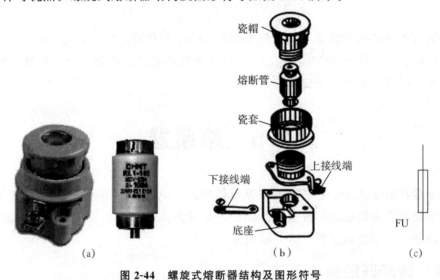

图 2-44 螺旋式熔断器结构及图形符号
(a) 螺旋式熔断器外形；(b) 螺旋式熔断器的结构；(c) 图形符号

2.5.3 熔断器的主要技术参数

熔断器的主要技术参数主要有以下几个。

1. 额定电压

额定电压为能保证熔断器长期正常工作的电压。若熔断器的实际工作电压大于额定电压，熔体熔断时可能发生电弧不能熄灭的危险。

2. 额定电流

额定电流为保证熔断器在长期工作状态下，各部件温升不超过极限允许温升所能承载的电流值。它与熔体的额定电流是两个不同的概念。熔体的额定电流：在规定工作条件下，长时间通过熔体而熔体不会熔断的最大电流值。通常熔断器可以配用若干个额定电流等级的熔体，但熔体的额定电流不能大于熔断器的额定电流值。

3. 分断能力

熔断器在规定的使用条件下，能可靠分断的最大短路电流值。通常用极限分断电流值来表示。

4. 熔断器的保护特性

熔断器的保护特性，表示熔断器的熔断时间与流过熔体电流的关系。熔断器的熔断时间随着电流的增大而减少。

2.5.4 熔断器的选用原则

选择熔断器的基本原则如下。

（1）根据使用场合确定熔断器的类型。

（2）熔断器的额定电压必须等于或高于线路的额定电压。额定电流必须等于或大于所装熔体的额定电流。

（3）熔体额定电流的选择应根据实际负载使用情况进行计算。

（4）熔断器的分断能力应大于电路中可能出现的最大短路电流。

2.6 主令电器

主令电器是一种用于发布命令，直接或通过电磁式电器间接作用于控制电路的电器。它通过机械操作控制，对各种电气线路发出控制指令，使继电器或接触器动作，从而改变拖动装置的工作状态（如电动机的启动、停车、变速等），以获得远距离控制。常用的主令电器有控制按钮、行程开关、接近开关、万能转换开关等。

2.6.1 控制按钮

控制按钮是一种手动且一般可以自动复位的电器，通常用来接通或断开小电流控制电路。它不直接控制主电路的通断，而是在交流 50Hz 或 60Hz，电压 500V 及以下或直流电压 440V 及以下的控制电路中发出短时操作信号，去控制接触器、继电器，再由它们去控制主电路的一种主令电器。

1. 控制按钮的结构与原理

按钮主要由按钮帽、复位弹簧、常闭触点、常开触点、支柱连杆及外壳等部分组成。控制按钮外形与结构如图 2-45 所示。

在图 1-45 中，当用手指按下按钮帽 1 时，复位弹簧 2 被压缩，同时动触桥上的动触点 3 由于机械动作先与静触点 5 断开，再与另一对静触点 4 接通；而当手松开时，按钮帽 1 在复位弹簧 2 的作用下，恢复到未受手压的原始状态，此时动触桥上的动触点 3 又由于机械动作而与静触点 4 断开，与静触点 5 接通。由此可见，当按下按钮时，其动断触点（由 3 和 5 组成）先断开，动合触点（由 3 和 4 组成）后闭合；当松开按钮时，在复位弹簧的作用下，其动合触点（由 3 和 4 组成）先断开，而动断触点（由 3 和 5 组成）后闭合。

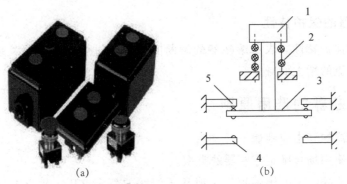

图 2-45　控制按钮外形与结构示意图

(a) 外形；(b) 结构

1—按钮帽；2—复位弹簧；3—桥式动触点；4—常开触点；5—常闭触点

2. 控制按钮的结构形式

控制按钮的结构形式有多种，适用于不同的场合：紧急式控制按钮用来进行紧急操作，按钮上装有蘑菇形钮帽；指示灯式控制按钮用作信号显示，在透明的按钮盒内装有信号灯；钥匙式控制按钮为了安全，需用钥匙插入方可旋转操作等。

为了区分各个按钮的作用，避免误操作，通常按钮帽涂成不同颜色，一般有红、绿、黑、黄、蓝、白等，且以红色表示停止按钮，绿色表示启动按钮。

控制按钮的文字符号有 SB，图形符号如图 2-46 所示。

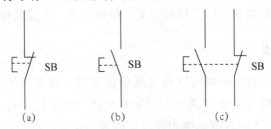

图 2-46　控制按钮的图形符号

(a) 动合触点；(b) 动断触点；(c) 复式触点

3. 按钮的选用

按钮的选用原则如下。

(1) 根据使用场合和具体用途的不同要求，按照电器产品选用手册来选择不同型号和规格的按钮。

(2) 根据控制系统的设计方案对工作状态指示和工作情况要求合理选择按钮或指示灯的颜色，如启动按钮选用绿色，停止按钮选择红色等。

（3）根据控制回路的需要选择按钮的数量，如单联钮、双联钮和三联钮等。

2.6.2 行程开关

行程开关又叫限位开关，在机电设备的行程控制中其动作不需要人为操作，而是利用生产机械某些运动部件的碰撞或感应使其触点动作后，发出控制命令以实现近、远距离行程控制和限位保护。

1. 行程开关的种类

行程开关按其结构可分为直动式、滚轮式及微动式；按其复位方式可分为自动及非自动复位；按其触头性质可分为触点式和无触点式。为了适应不同的工作环境，行程开关可以做成各种各样的结构外形，如图 2-47 所示。

行程开关常用型号有 LX1、JLX1 系列，LX2、JLXK2 系列，LXW-11、JLXK1-11 系列以及 LX19、LXW5、LXK3、LXK32、LXK33 系列等。

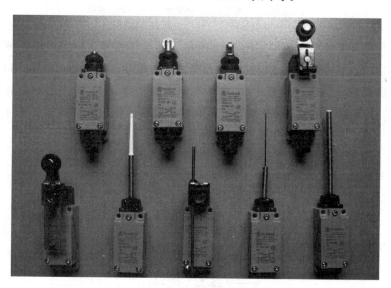

图 2-47 常用行程开关的外形图

2. 行程开关的结构与工作原理

行程开关的结构与控制按钮有些类似，主要结构大体由操作机构、触点系统和外壳三部分组成。外形种类很多，但基本结构相同，都是由推杆及弹簧、常开常闭触点和外壳组成。

直动式行程开关的结构原理如图 2-48 所示，其动作原理与按钮开关相同，但其触点的分合速度取决于生产机械的运行速度，不宜用于速度低于 0.4m/min 的场所。

滚轮式行程开关又分为单滚轮自动复位式和双滚轮（羊角式）非自动复位式，由于双滚轮行程开关具有两个稳态位置，有"记忆"作用，在某些情况下可以简化线路。

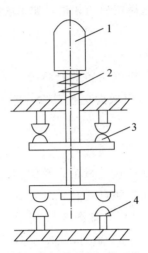

图 2-48 直动式行程开关

1—推杆；1—弹簧；3—动断触点；4—动合触点

滚轮式行程开关的结构原理如图 2-49 所示。其动作过程为：当被控机械的撞块向左撞击滚轮 1 时，上下转臂绕支点以逆时针方向转动，带动凸轮转动，滑轮 6 自左至右的滚动中，压迫横板 10，待滚过横板 10 的转轴时，横板在弹簧 11 的作用下突然转动，使触点瞬间切换。5 为复位弹簧，撞块离开后，在复位弹簧的作用下带动触点复位。

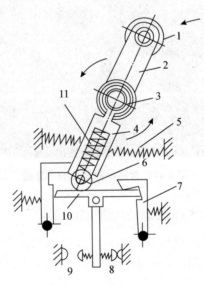

图 2-49 滚轮式行程开关

1—滚轮；2—上转臂；3、5、11—弹簧；4—套架；6—滑轮；7—压板；8、9—触点；10—横板

微动式行程开关是一种施压促动的快速转换开关，因为其开关的触点间距比较小，故名微动开关，又叫灵敏开关。微动式行程开关（LXW－11系列）的结构原理如图 2-50 所示，其工作原理可自行分析。

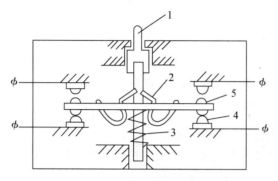

图 2-50　微动式行程开关

1—推杆；2—弹簧；3—压缩弹簧；4—动断触点；5—动合触点

3. 行程开关的型号及图形、文字符号

行程开关的文字符号为 SQ，图形符号如图 2-51 所示。

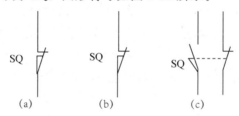

图 2-51　行程开关的图形符号

（a）动合触点；（b）动断触点；（c）复式触点

4. 行程开关的选用

行程开关的选用原则如下。

（1）根据使用场合和具体用途的不同要求，按照电器产品选用手册选择不同型号和规格的行程开关。

（2）根据控制系统的设计方案对工作状态和工作情况要求合理选择行程开关的数量。

2.7　实　　训

2.7.1　低压开关的拆装的维护

1. 任务目标

（1）熟悉常用低压开关的外形和基本结构。

（2）能正确拆卸、组装及排除常见故障。

2. 实训设备

（1）工具：尖嘴钳、螺钉旋具、活络板手、镊子等。

（2）仪表：万用表、兆欧表。

（3）器材：刀开关、转换开关和低压断路器。

3. 实训内容和步骤

（1）卸下手柄紧固螺钉，取下手柄。

（2）卸下支架上紧固螺母，取下顶盖、转轴弹簧和凸轮等操作机构。

（3）抽出绝缘杆，取下绝缘垫板上盖。

（4）拆卸三对动、静触点。

（5）检查触点有无烧毛、损坏，视损坏程度的大小进行修理或更换。

（6）检查转轴弹簧是否松脱及消弧垫是否有严重磨损，根据实际情况确定是否调换。

（7）将任一相的动触点旋转 90，按拆卸的逆序进行装配。

（8）装配时，应注意动、静触点的相互位置是否符合改装要求及又叠片连接是否紧密。

（9）装配结束时，先用万用表测量各对触点的通断情况。

4. 注意事项

（1）拆卸时，应备有盛放零件的容器，以防丢失零件。

（2）拆卸过程中，不允许硬撬，以防损坏电器。

5. 技能训练考核评分标准

技能训练考核评分标准如表 2-1 所示。

表 2-1　评分标准

序号	考核内容	考核要求	配分	得分
1	元件识别	1. 写错或漏写名称，每个扣 4 分 2. 写错或漏写型号，每个扣 2 分	20	
2	刀开关	1. 损坏电器元件或不能装配，扣 10 分 2. 丢失或漏装零件，每个扣 5 分 3. 拆装方法、步骤不正确，每次扣 3 分 4. 装配后转动不灵活，扣 10 分 5. 不能进行通电校验，扣 4 分 6. 通电试验不成功，每次扣 5 分	20	

（续表）

序号	考核内容	考核要求	配分	得分
3	组合开关	1. 损坏电器元件或不能装配，扣 10 分 2. 丢失或漏装零件，每个扣 5 分 3. 拆装方法、步骤不正确，每次扣 3 分 4. 装配后转动不灵活，扣 10 分 5. 不能进行通电校验，扣 4 分 6. 通电试验不成功，每次扣 5 分	30	
4	自动空气开关	1. 损坏电器元件或不能装配，扣 10 分 2. 丢失或漏装零件，每个扣 5 分 3. 拆装方法，步骤不正确，每次扣 3 分 4. 装配后转动不灵活，扣 10 分 5. 不能进行通电校验，扣 4 分 6. 通电试验不成功，每次扣 5 分	30	
5	安全文明生产	违反安全文明生产规程，扣 5~40 分		
6	定额时间 2h	按每超时 5min 扣 5 分计算		
7	备注	除定额时间外，各项目的最高扣分不应超过配分		
8	否定项	发生重大责任事故、严重违反教学纪律者得 0 分		
开始时间		结束时间		实际时间	

2.7.2　交流接触器的拆装与检修

1. 任务目标

（1）认识交流接触器，熟悉其工作原理。

（2）熟悉交流接触器的组成和其中零件的作用。

（3）学会交流接触器的安装方法。

（4）学会交流接触器的检修与校验的方法。

2. 实训设备

（1）工具：测试笔、螺钉旋具、斜口钳、尖嘴钳、剥线钳、电工刀等。

（2）仪表：兆欧表、钳形电流表、5A 电流表、600V 电压表、万用表。

（3）器材：控制板一块，调压变压器一台，交流接触器一个，指示灯（220V，25W）3 个，待检交流接触器若干，截面为 1mm^2 的铜芯导线（BV）若干。

3. 实训内容和步骤

（1）安装前操作要求。

①接触器铭牌和线圈技术数据应符合使用要求。

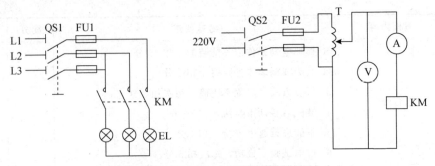

图 2-52　接触器校验值检验电路图

②接触器外观检查应无损伤，并且动作灵活，无卡阻现象。

③对新购或放置较久的接触器，在安装前要清理铁芯极面上的防锈油脂和污垢。

④测量线圈的绝缘电阻，应不低于 15MΩ，并测量线圈的直流电阻。

⑤用万用表检查线圈有无断线，并检查辅助触点是否良好。

⑥检查和调整触点的开距、超程、初始力、终压力，并要求各触点的动作同步，接触良好。

⑦接触器在 85％额定电压时应能正常工作；在失电压或欠压时应能释放，噪音正常。

⑧接触器的灭弧罩不应破损或脱落。

（2）安装时操作要求。

①安装时，按规定留有适当的飞弧空间，防止飞弧烧坏相邻元件。

②接触器的安装多为垂直安装，其倾斜角不应超过 5°，否则会影响接触器的动作特性；安装有散热孔的接触器时，应将散热孔放在上下位置，以降低线圈的温升。

③接线时，严禁将零件、杂物掉入电器内部。紧固螺钉应装有弹簧垫圈和平垫圈，将其紧固好，防止松脱。

（3）安装后的质量要求。

①灭弧室应完整无缺，并固定牢靠。

②接线要正确，应在主触点不带电的情况下试操作数次，动作正常后才能投入运行。

（4）接触器的运行检查练习。

①接触器通过电流应在额定电流值内。

②接触器的分、合信号指示，应与电路所处的状态一致。

③灭弧室内接触应良好，无放电，灭弧室无松动或损坏现象。

④电磁线圈无过热现象，电磁铁上的短路环无松动或损坏现象。

⑤导线各个连接点无过热现象。

⑥辅助触点无烧蚀现象。

⑦铁芯吸合良好，无异常噪声，返回位置正常。

⑧绝缘杆无损伤或断裂。

⑨周围环境没有不利于接触器正常运行的情况。

（4）接触器的解体和调试。

①松开灭弧罩的固定螺钉，取下灭弧罩，检查如有碳化层，可用锉刀锉掉，并将内部清理干净。

②用尖嘴钳拔出主触点及主触点压力弹簧，查看触点的磨损情况。

③松开底盖的紧固螺钉，取下盖板。

④取出静铁芯、铁皮支架、缓冲弹簧、拔出线圈与接线柱之间的连接线。

⑤从静铁芯上取出线圈、反作用弹簧、动铁芯和支架。

⑥检查动静铁芯接触是否紧密，短路环是否良好。

⑦维护完成后，应将其擦拭干净。

⑧按拆卸的逆顺序进行装配。

⑨装配后检查接线，正确无误后在主触点不带电的情况下，通断数次，检查动作是否可靠，触点接触是否紧密。

⑩接触器吸合后，铁芯不应发出噪声，若铁芯接触不良，则应将铁芯找正，并检查短路环及弹簧松紧适应度。

⑪最后应进行数次通断试验，检查动作和接触情况。

4. 注意事项

（1）拆卸接触器时，应备有盛放零件的容器，以免丢失零件。

（2）拆装过程中不允许硬撬元件，以免损坏电器。装配辅助触点的静触点时，要防止卡住动触点。

（3）接触器通电校验时，应把接触器固定在控制板上。通电校验过程中，要均匀、缓慢地改变调压变压器的输出电压，以使测量结果尽量准确，并应有教师监护，以确保安全。

（4）调整触点压力时，注意不要损坏接触器的主触点。

5. 技能训练考核评分标准

技能训练考核评分标准如表2-2所示。

表 2-2 评分标准

序号	考核内容	考核要求	配分	得分
1	识别接触器	（1）工具、仪表少选或错选 （2）电器元件选错型号和规格 （3）选错元件数量或型号规格没有写全	15	
2	装前检查	电器元件漏检或错检	5	

序号	考核内容	考核要求	配分	得分
3	安装布线	（1）电器布置不合理 （2）元件安装不牢固 （3）元件安装不整齐、不匀称、不合理 （4）损害元件 （5）不按电路图接线 （6）布线不符合要求 （7）接点松动、露铜过长、反圈等 （8）损伤导线绝缘层或线芯 （9）编码套管套装不正确 （10）漏接接地线	30	
4	故障分析	（1）故障分析、排除故障的思路不正确 （2）标错电路故障	10	
5	排除故障	（1）停电不验电 （2）工具及仪表使用不当 （3）排除故障的顺序不对 （4）不能查出故障点 （5）查出故障点，但不能排除 （6）损坏电动机 （7）损害电器元件或排除故障方法不当	20	
6	通电试车	（1）热继电器未整定或整定错误 （2）熔体规格选用不当 （3）第一次试车不成功 　　　第二次试车不成功 　　　第三次试车不成功	20	
7	安全文明生产	违反安全文明生产规程	-5～40	
8	合计得分			
9	否定项	发生重大责任事故、严重违反教学纪律者得 0 分		
开始时间		结束时间		实际时间	

2.7.3　常用继电器的拆装和维护

1. 任务目标

（1）认识中间继电器、时间继电器、热继电器和速度继电器，熟悉其工作原理。

（2）熟悉中间继电器、时间继电器、热继电器和速度继电器的组成和其中零件的作用。

(3) 学会中间继电器、时间继电器、热继电器、速度继电器的检修和安装方法。

2. 实训设备

(1) 工具：尖嘴钳、螺丝刀、板手、镊子等。

(2) 仪表：万用表。

(3) 器材：各种型号的热继电器。

3. 实训内容和步骤

(1) 在教师指导下，仔细观察不同系列、不同规格的继电器的外形和结构特点。

(2) 根据指导教师给出的元件清单，从所给继电器中正确选出清单中的继电器。

(3) 由指导教师从所给继电器中选取各种规格的继电器，用胶布盖住铭牌。由学生写出其名称、型号及主要参数，填入表 2-3 中。

表 2-3　继电器的名称、型号及主要参数

序号	1	2	3	4	5	6	7
名称							
型号规格							
主要参数							

4. 注意事项

(1) 认真仔细连接电路并自检，确认无误后方可通电。

(2) 直流他励电动机启动时，要按照"先总电源、再励磁电源、最后电枢电源"的顺序；直流他励电动机停止时，要按照"先电枢电源、再励磁电源、最后总电源"的顺序。

(3) 测量前注意仪表的量程、极性及其接法是否符合要求。

5. 技能训练考核评分标准

技能训练考核评分标准如表 2-4 所示。

表 2-4　评分标准

序号	考核内容	考核要求	配分	得分
1	根据清单选取实物	选错可漏选，每件扣 5 分	30	
2	根据实物写电器的名称、型号与参数	1. 名称漏写或错写，每件扣 3 分 2. 型号漏写或错写，每件扣 5 分 3. 规格漏写或错写，每件扣 3 分 4. 主要参数错写，每件扣 5 分	70	

（续表）

序号	考核内容	考核要求	配分	得分
3	安全文明生产	违反安全、文明生产规程，扣 5～40 分	20	
4	定额时间 90min	按每超时 5min 扣 5 分计算	30	
5	备注	除定额时间外，各项目的最高扣分不应超过配分数	30	
6	合计得分			
7	否定项	发生重大责任事故、严重违反教学纪律者得 0 分		
开始时间		结束时间		实际时间	

2.7.4 熔断器的识别与维护

1. 任务目标

（1）熟悉常用熔断器的外形和基本结构。

（2）掌握常用熔断器有故障处理方法。

2. 实训设备

（1）工具：尖嘴错、螺钉旋具。

（2）仪表：万用表。

（3）器材：选取不同规格的熔断器。

3. 实训内容和步骤

（1）在教师指导下，仔细观察各种不同类型、规格的熔断器的外形和结构特点。

（2）检查所给熔断器的熔体是否完好，对 RC1A 型，可拔下瓷盖进行检查；对 RL1 型，应首先查看其熔断器指示器。

（3）若熔体已熔断，应按原规格选配熔体。

（4）更换熔体。对 RC1A 系列熔断器，安装熔丝时熔丝缠绕方向要正确，安装过程中不得损伤熔丝。对 RL1 系列熔断器，熔断管不能倒装。

（5）用万用表检查更换熔体后的熔断器各部分接触是否良好。

4. 注意事项

（1）认真仔细连接电路并自检，确认无误后方可通电。

（2）直流他励电动机启动时，要按照"先总电源、再励磁电源、最后电枢电源"的顺序；直流他励电动机停止时，要按照"先电枢电源、再励磁电源、最后总电源"的顺序。

（3）测量前注意仪表的量程、极性及其接法是否符合要求。

5. 技能训练考核评分标准

技能训练考核评分标准如表 2-5 所示。

表 2-5　评分标准

序号	考核内容	考核要求	配分	得分
1	熔断器识别	1. 写错或漏写名称，每只扣 5 分 2. 写错或漏写型号，每只扣 5 分 3. 漏写每个主要部件，扣 4 分	50	
2	更换熔体	1. 检查方法不正确，扣 10 分 2. 不能正确选配熔体，扣 10 分 3. 更换熔体方法不正确，扣 10 分 4. 损伤熔体，扣 20 分 5. 更换熔体后熔断器断路，扣 4 分	50	
3	安全文明生产	违反安全文明生产规程，扣 5～40 分		
4	定额时间 60min	除定额时间外，各项目的最高扣分不应超过配分		
5	合计得分			
6	否定项	发生重大责任事故、严重违反教学纪律者得 0 分		
开始时间		结束时间		实际时间	

2.7.5　主令电器的识别与检修

1. 任务目标

(1) 熟悉常用主令电器的外形、基本结构和作用。

(2) 能正确地拆卸、组装及检修常用主令电器。

2. 实训设备

(1) 工具：尖嘴钳、螺钉旋具、活络扳手。

(2) 仪表：万用表。

(3) 器材：不同规格的按钮、行程开关、万能转换开关和主令控制器。

3. 实训内容和步骤

(1) 在教师指导下，仔细观察各种不同种类、不同结构形式的主令电器外形和结构特点。

(2) 由指导教师从所给主令电器中任选五种，用胶布盖住型号并加以编号，由学生根据实物写出其名称、型号及结构形式，填入表 2-6 中。

表 2-6　主令电器的名称、型号及结构形式

序号	1	2	3	4	5
名称					
型号					
结构形式					

4. 注意事项

（1）认真仔细连接电路并自检，确认无误后方可通电。

（2）直流他励电动机启动时，要按照"先总电源、再励磁电源、最后电枢电源"的顺序；直流他励电动机停止时，要按照"先电枢电源、再励磁电源、最后总电源"的顺序。

（3）测量前注意仪表的量程、极性及其接法是否符合要求。

5. 技能训练考核评分标准

技能训练考核评分标准如表 2-7 所示。

表 2-7　评分标准

序号	考核内容	考核要求	配分	得分
1	元件识别	1. 写可漏写名称，每个扣 5 分 2. 写可漏写型号，每个扣 5 分 3. 漏写每个主要部件，扣 4 分	40	
2	主令控制器的测量	1. 仪表使用方法错误，扣 10 分 2. 测量结果错误，每次扣 5 分 3. 作不出触点分合表，扣 20 分 4. 触点分合表错误，每处扣 20 分	30	
3	主令控制器的动作原理	1. 检查方法不正确，扣 10 分 2. 不能正确选配熔体，扣 10 分 3. 更换熔体方法不正确，扣 10 分	30	
4	安全文明生产	违反安全、文明生产规程，扣 5～40 分	30	
5	定额时间 90min		30	
6	备注	除定额时间外，各项目的最高扣分不应超过配分数		
7	合计得分			

（续表）

序号	考核内容	考核要求	配分	得分
8	否定项	发生重大责任事故、严重违反教学纪律者得 0 分		
开始时间		结束时间	实际时间	

本章小结

　　本章主要讲述了低压电器的基本知识，低压开关电器、接触器、熔断器和主令电器等的相关知识。通过本章的学习，读者应了解低压电器的分类；掌握低压电器的电磁机构与执行机构；了解常用的开关有刀开关、组合开关、低压空气断路器等；掌握接触器的结构及工作原理，如何接选用触器；掌握电磁式继电器、热继电器、时间继电器、速度继电器的结构及工作原理；掌握熔断器的结构及工作原理、熔断器的种类和主要技术参数，以及熔断器的选用原则；了解常用的主令电器有控制按钮、行程开关、接近开关、万能转换开关等。

本章习题

　　1. 什么是低压电器？常用的低压电器有哪些？

　　2. 电磁式低压电器由哪几部分组成？说明各部分的作用。

　　3. 灭弧的基本原理是什么？低压电器常用的灭弧方法有哪几种？

　　4. 熔断器有哪些用途？一般应如何选用？在电路中应如何连接？

　　5. 交流接触器主要由哪些部分组成？在运行中有时产生很大的噪音，试分析产生该故障的原因。

　　6. 交流电磁线圈误接入直流电源或直流电磁线圈误接入交流电源，会出现什么情况？为什么？

　　7. 交流接触器的主触头、辅助触头和线圈各接在什么电路中，应如何连接？

　　8. 什么是继电器？它与接触器的主要区别是什么？在什么情况下可用中间继电器代替接触器启动电动机？

　　9. 空气阻尼式时间继电器是利用什么原理达到延时目的的？如何调整延时时间的长短？

　　10. 热继电器有何作用？如何选用热继电器？在实际使用中应注意哪些问题？

　　11. 低压断路器有哪些脱扣装置？试分别叙述其功能。

12. 什么是速度继电器？其作用是什么？速度继电器内部的转子有什么特点？若其触头过早动作，应如何调整？

13. 常用电子电器有哪些特点？主要由哪几部分组成？主要参数有哪些？

第3章
电动机的基本控制

 本章导读

　　继电器—接触器的控制方式称作电器控制，其电气控制电路是由各种有触点电器，如接触器、继电器、按钮、开关等组成。它能实现电力拖动系统的启动、反向、制动、调速和保护，实现生产过程自动化。

　　随着我国工业的飞速发展，对电力拖动系统的要求不断提高，在现代化的控制系统中采用了许多新的控制装置和元器件，如 MP、MC、PC、晶闸管等用以实现对复杂的生产过程的自动控制。尽管如此，目前在我国工业生产中应用最广泛、最基本的控制仍是电器控制。而任何复杂的控制电路或系统，都是由一些比较简单的基本控制环节、保护环节根据不同要求组合而成。因此掌握这些基本控制环节是学习电气控制电路的基础。

本章目标

- 了解电气制图及电路图基本知识
- 掌握机电设备中常用的典型继电器接触器控制线路，包括各种电动机的启动、运行、制动和调速等基本控制线路
- 掌握直流电动机的控制电路

3.1　电气制图及电路图基本知识

　　电气控制系统是由各种电气控制设备及电气元件按照一定的控制要求联接而成。为了表达电气控制系统的组成结构、工作原理及安装、调试、维护等技术要求，需要用统一的工程语言即工程图的形式来表达，这种工程图即为电气图。常用于机械设备的电气工程图有三种：电气控制原理图、电器元件布置图和电气安装接线图。

3.1.1　电气的图形符号和文字符号

1. 图形符号

图形符号是用于表示电气图中电气设备、装置、元器件的一种图形和符号，是电气制图中不可或缺的要素。图形符号通常由一般符号、符号要素、限定符号等组成。

电器的图形符号目前执行国家标准 GB4728—85《电气图用图形符号》，这个标准是根据 IEC 国际标准而制定的。该标准给出了大量的常用电器图形符号，表示产品特征。通常用比较简单的电器作为一般符号，对于一些组合电器，不必考虑其内部细节时可用方框符号表示，如整流器、逆变器、滤波器等。

国家标准 GB4728—85 的一个显著特点就是图形符号可以根据需要进行组合，在该标准中除了提供了大量的一般符号之外，还提供了大量的限定符号和符号要素，限定符号和符号要素不能单独使用，它相当于一般符号的配件。将某些限定符号或符号要素与一般符号进行组合就可组成各种电气图形符号，如图 3-1 所示。

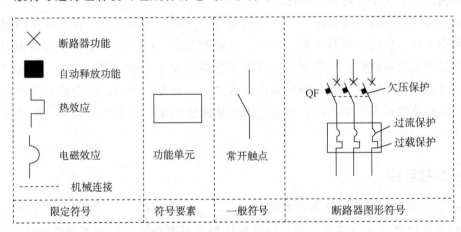

图 3-1　断路器图形符号的组成

2. 文字符号

文字符号适用于电气技术领域中文件的编制，也可表示在电气设备、装置和元器件上或其近旁，以标明电气设备、装置和元器件的名称、功能和特征。

电器的文字符号目前执行国家标准 GB5094－85《电气技术中的项目代号》和 GB7159－87《电气技术中的文字符号制定通则》。这两个标准都是根据 IEC 国际标准而制定的。

《电气技术中的文字符号制定通则》中将所有的电气设备、装置和元件分成 23 个大类，每个大类用一个大写字母表示。文字符号分为基本文字符号和辅助文字符号。

基本文字符号分为单字母符号和双字母符号两种，单字母符号应优先采用，每个单字母符号表示一个电器大类，如 C 表示电容器类、R 表示电阻器类等。

双字母符号由一个表示种类的单字母符号和另一个字母组成，第一个字母表示电器的大类，第二个字母表示对某电器大类的进一步划分，例如 G 表示电源大类，GB 表示蓄电池；S 表示控制电路开关，SB 表示按钮，SP 表示压力传感器（继电器）。

文字符号用于标明电器的名称、功能、状态和特征。同一电器如果功能不同，其文字符号也不同，例如照明灯的文字符号为 EL，信号灯的文字符号为 HL。

辅助文字符号用来进一步表示电器的名称、功能、状态和特征，由 1～3 位英文名称缩写的大写字母表示，例如辅助文字符号 BW（Backward 的缩写）表示向后，P（Pressure 的缩写）表示压力。辅助文字符号可以和单字母符号组合成双字母符号，例如单字母符号 K（表示继电器接触器大类）和辅助文字符号 AC（交流）组合成双字母符号 KA，表示交流继电器；单字母符号 M（表示电动机大类）和辅助文字符号 SYN（同步）组合成双字母符号 MS，表示同步电动机，辅助文字符号可以单独使用。

3. 常用电气图形符号和文字符号

常用电气图形符号和文字符号如表 3-1 所示。

表 3-1　常用电气图形符号和文字符号

名称	图形符号	文字符号	名称	图形符号	文字符号	名称	图形符号	文字符号
一般三极电源开关		QS	主触头		K、KM	热继电器 常闭触头		FR
低压断路器		QF	接触器 常开辅助触头		K、KM	中间继电器线圈		KM
位置开关 常开触头		SQ	常闭辅助触头			欠电压继电器线圈		KV
常闭触头		SQ	速度继电器 常开触头		BV	过电流继电器线圈		KA
复合触头		SQ	常闭触头		BV	继电器 常开触头		相应继电器符号
转换开关		SA	线圈			常闭触头		相应继电器符号

(续表)

按钮	启动	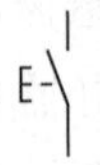	SB	时间继电器	常开延时闭合触头	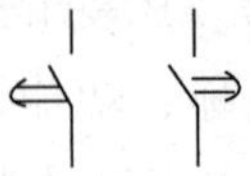	KT	欠电流继电器线圈	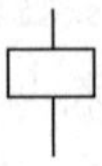	KA
	停止	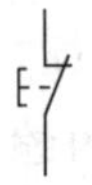			常闭延时打开触头	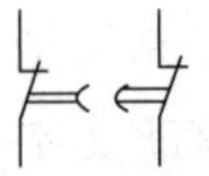		熔断器		FU
	复合	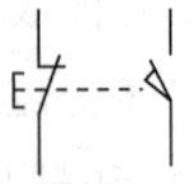			常闭延时闭合触头	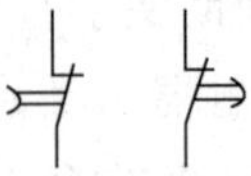		熔断器式刀开关		QS
接触器	线圈	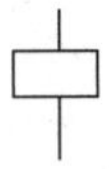	K、KM		常开延时打开触头	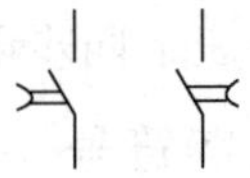		熔断器式隔离开关		QS
				热继电器	热元件		FR	熔断器式负荷开关		QM

3.1.2 常用电气工程图

1. 电气控制原理图

电气控制原理图是依据简单、清晰的原则，采用图形符号和文字符号表示电路中电器元件连接关系和电气工作原理的图。它包括所有电器元件的导电部件和接线端点，但并不按照电器元件的实际放置的位置来绘制，也不反映电器元件的大小。其作用是便于阅读与分析控制电路，详细了解工作原理，指导系统或设备的安装、调试与维护。

电气控制原理图一般包括主电路、控制电路和辅助电路。主电路是设备的驱动电路，是指从电源到电动机大电流所通过的路径；控制电路是由继电器和接触器的线圈、继电器的触点、接触器的辅助触点、按钮、控制变压器等电器元件组成的逻辑电路；辅助电路包括照明电路、信号电路及保护电路等。如图 3-2 所示为三相异步电动机可逆运行的电气原理图。

电气控制原理图的绘制原则如下。

(1) 主电路、控制电路及辅助电路应分开绘制，一般主电路绘制在左侧，控制电路绘制在图的右侧。复杂的控制系统也可以分图绘制。

(2) 电气控制原理图中各电器元件不画实际的外形图，而是采用国家规定的统一标准图形符号和文字符号绘制。

(3) 电气控制原理图中，各个电器元件和部件在控制线路中的位置，应根据便于阅读的原则安排。同一电器元件的各个部件可以不画在一起。例如，接触器、继电器的线圈和触点可以不画在一起。

(4) 电气控制原理图中的电器元件和设备的可动部分，都按未通电和没有外力作用时的开闭状态绘制。例如,继电器、接触器的触点按吸引线圈不通电状态绘制;按钮、行程开关的触点按不受外力作用时的状态绘制等。

(5)电气控制原理图的绘制应布局合理、排列均匀,为了便于看图,可以水平布置,也可以垂直布置,并尽可能地减少线条和避免线条交叉。

(6)电器元件应按功能布置,并尽可能按工作顺序排列,其布局顺序应该是从上到下,从左到右。电路垂直布置时,类似元器件或部件应横向对齐;水平布置时,类似元器件或部件应纵向对齐。

(7)电气控制原理图中,有直接联系的交叉导线的连接点(即导线交叉处)要用黑圆点表示;无直接联系的交叉导线,连接点或交叉点不能画黑圆点。

(8)可以在原理图上方或者右侧将图分成若干图区,并标明用途与作用。

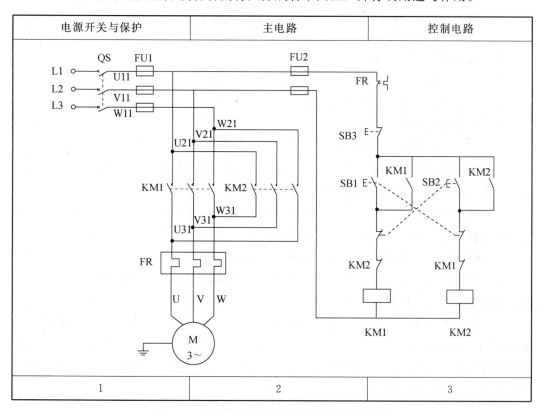

图 3-2 三相异步电动机可逆运行电气原理图

2. 电器元件布置图

电器元件布置图主要表明电气设备上所有电器元件的实际位置,为电气设备的安装及维护提供必要的资料。电器元件布置图可根据电气设备的复杂程度集中绘制,也可分开绘制。图中各电器代号应与有关图纸和电器清单上的元器件代号一致,但不需标注尺寸。通常电器元件布置图与电气安装接线图组合在一起,既可起到电气安装接线图的作用,又能清晰表示出各电器元件的布置情况。三相异步电动机正、反转运行电气原理图如图 3-3 所示。

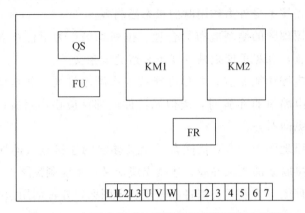

图 3-3 三相异步电动机可逆运行电器元件布置图

电器元件布置图的绘制原则如下：

（1）图中各电器代号与有关电路图和电器元件清单上所列元器件代号相同。

（2）体积大的和较重的电器元件安装在电器板的下部，以降低柜体重心；发热元件安装在电器板的上部。

（2）需要经常维护、检修、调整的电器元件安装的位置不宜过高或过低。

（3）电器元件的布置应考虑整齐、美观、对称。结构和外形尺寸类似的电器元件应安装在一起，以利于加工、安装和配线。

（4）电器元件布置不宜过密，要留有一定的间距。若采用板前走线配线方法，应适当加大各排电器元件的间距，以利布线和维护。

（5）强电与弱电分开走线，应注意弱电屏蔽和防止外界干扰。

（6）将散热器件及发热元件置于风道中，以保证散热良好。而熔断器应置于风道外，以避免改变其工件特性。

（7）在电器元件布置图中，还要根据该部件进出线的数量和采用导线的规格，选择进出线方式及适当的接线端子板或接插件，按一定顺序在电器元件布置图中标出进出线的接线号。为便于施工和以后的扩容，在电器元件的布置图中往往应预留 10% 以上的备用面积及线槽位置。

3. 电气安装接线图

电气安装接线图是根据电气控制原理图和电器元件布置图进行绘制的。按照电器元件布置最合理、导线连接经济等原则绘制，为安装电气设备、电器元件间的配线及电气故障的检修等提供依据。三相异步电动机正、反转运行电路的电气接线图如图 3-4 所示。

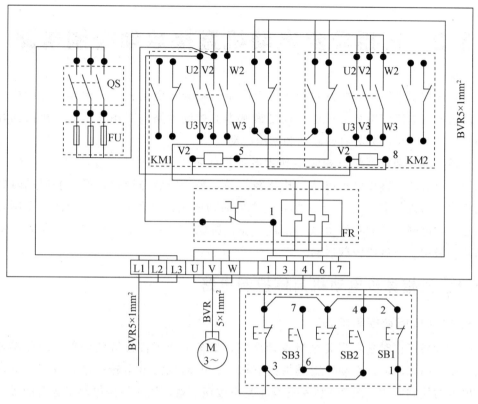

图 3-4　三相异步电动机可逆运行电气接线图

在绘制电气安装接线图时，应遵循以下原则。

（1）在接线图中，各电器元件均按其在安装底板中的实际位置绘出，各电器元件按实际外形尺寸以统一比例绘制。

（2）电器元件按外形绘制，并与布置图一致，偏差不能太大。绘制电气安装接线图时，同一个元件的所有部件绘在一起，并用点划线框起来，表示它们是安装在同一安装底板上的。

（3）所有电器元件及其引线标注与电气控制原理图相一致的文字符号及接线回路标号。

（4）接线图中标出配线用的各种导线的型号、规格、截面积、连接导线根数及穿管的种类、规格等，并标明电源引入点。

（5）安装在电气板内外的电器元件之间需通过接线端子板连线。

图 3-4 中，电源进线、按钮板、电动机需接线端子板接入电器安装板。按钮板有 SB1、SB2、SB3 等 3 个按钮，按原理图 SB1 与 SB2、SB3 有一端相连为 "2"，SB2 与 SB3 有两端相连为 "3" 和 "6"，其引出端 1、3、4、6、7 通过 $5\times1mm^2$ 导线接到安装板上相应的接线端。图中还标注了所采用的连接导线的型号、根数、截面积，如 $BVR5\times1mm^2$ 为聚氯乙烯绝缘软电线、5 根导线、导线截面积为 $1mm^2$。

3.2　三相异步电动机直接启动控制电路

在电气控制系统中的控制对象中，大多是三相异步电动机，三相异步电动机的启动、停止控制电路应用最为广泛、也是最基本的控制电路。三相异步电动机按其容量大小，启动方式可以分为直接起动和减压起动。

所谓直接起动就是将三相笼型异步电动机的定子绕组加上额定电压的启动方式，也称为全压启动。直接启动电路结构比较简单，易于安装与维护，但直接启动时的启动电流为电动机额定电流的 4～7 倍，过大的启动电流将会造成电网电压明显下降，会影响在同一电网工作的其他负载的正常工作，所以直接启动电动机的容量受到一定的限制，一般用于空载或轻载启动。

3.2.1　三相异步电动机启停控制电路

1. 电动机点动控制电路

电气设备工作时常常需要进行点动调整，如车刀与工件位置的调整，因此需要用点动控制电路来完成。点动控制是指按下按钮，电动机得电运转；松开按钮，电动机失电停转的控制方式。图 3-5 所示的线路是由按钮、触控器来控制电动机运转的最简单的控制线路。

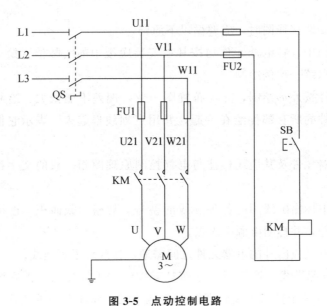

图 3-5　点动控制电路

（1）电路结构分析

在图 3-5 所示点动控制电路中，组合开关 QS 做电源隔离开关；熔断器 FU1、FU2

分别为主电路、控制电路的短路保护；由于电动机只有点动控制，运行时间较短，主电路不需要接热继电器，启动按钮 SB 控制接触器 KM 的线圈得电、失电；接触器 KM 的主触点控制电动机 M 的启动与停止。

（2）工作原理分析

启动：合上开关 QS，按下启动按钮 SB，接触器 KM 线圈得电，KM 主触点闭合时电动机 M 启动运行。

停止：松开按钮 SB，接触器 KM 线圈失电，KM 主触点断开，这时电动机 M 失电停转。

注意：在电动机停止使用时，应断开电源开关 QS。

2. 电动机单向连续运行控制电路

电动机单向连续运行控制又称接触器自锁控制，在要求电动机启动后能连续运转时，为实现连续运转，可采用如图 3-6 所示的接触器自锁控制电路。

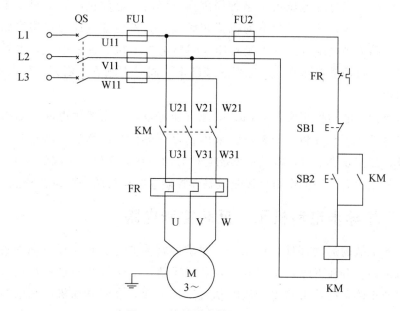

图 3-6　接触器自锁控制电路

（1）电路结构分析

自锁控制电路与点动控制电路相比较，主电路由于电动机连续运行，所以要添加热继电器 FR 进行过载保护，而在控制电路中又多串接了一个停止按钮 SB1，并在启动按钮 SB2 的两端并接了接触器 KM 的一对常开辅助触点。

（2）工作原理分析

启动：先合上电源开关 QS，按下启动按钮 SB2，KM 线圈得电，KM 主触点闭合，使电动机通电启动运行，KM 常开辅助触点也闭合。

当松开 SB2 时，由于 KM 的常开辅助触点闭合，控制电路仍然保持接通，所以线圈继续得电，电动机 M 实现连续运转。这种利用接触器 KM 本身常开辅助触点而使线圈保持得电的控制方式叫做自锁。与启动按钮 SB2 并联起自锁作用的常开辅助触点叫做自锁触点。

停止：按下 SB1，SB1 常闭触点断开，KM 线圈断电，KM 主触点和自锁触点都断开，电动机 M 失电而后停止。松开 SB1 时，其常闭触点恢复闭合，但由于此时 KM 的自锁触点已经断开，故 KM 线圈保持失电，电动机不会得电。

（3）电路的保护功能分析

①短路保护。主电路和控制电路分别由熔断器 FU1 和 FU2 实现短路保护。当控制回路和主回路出现短路故障时，能迅速有效地断开电源，实现对电器和电动机的保护。

②过载保护。由热继电器 FR 实现对电动机的过载保护。当电动机出现过载且超过规定时间时，热继电器双金属片发热变形，推动导板，经过传动机构，能使串在控制电路中的 FR 常闭触点断开，从而使接触器线圈失电，电动机停转，实现过载保护。

③欠压保护。当电源电压由于某种原因而下降时，电动机的转矩显著下降，将使电动机无法正常运转，甚至引起电动机堵转而烧毁。采用带自锁的控制线路可避免出现这种事故。因为当电源电压低于接触器线圈额定电压 85% 左右时，接触器因电磁吸力不足而释放，自锁触点断开，接触器线圈断电，同时主触点也断开，使电动机断电，起到保护作用。

④失压保护。电动机正常运转时，电源可能停电，当恢复供电时，如果电动机自行启动，很容易造成设备和人身事故。采用带自锁的控制线路后，断电时由于自锁触点已经打开，当恢复供电时，电动机不能自行启动，从而避免了事故的发生。

注意：欠压和失压保护作用是按钮接触器控制连续运行的一个重要特点。

3.2.2 三相异步电动机正、反转控制电路

许多生产机械的运动部件，根据工艺要求经常需要进行正、反方向两种运动。例如，起重机吊钩上升和下降，运煤小车的来回运动，工作台的前进和后退等，都可以通过电动机的正传和反转来实现。从电动机原理可知，改变电动机三相电源的相序即可以改变电动机的旋转方向。而改变三相电源的相序只需任意调换电源的两根进线即可。常见的正、反转控制电路有倒顺开关正、反转控制电路，接触器实现正、反转控制电路，接触器互锁正、反转控制电路，接触器、按钮双重互锁的正、反转电路。

1. 倒顺开关正、反转控制电路

（1）工作原理

倒顺开关正、反转控制电路如图 3-7 所示。倒顺开关可以直接控制电动机的正、反转，它是通过手动完成正、反转操作的，有"正转""反转"和"停止"三种操作位置。倒顺开关处于"正转"和"反转"两种位置时，电动机的电源接入线相反，电源相序相反，分别对应了电动机的正转和反转。

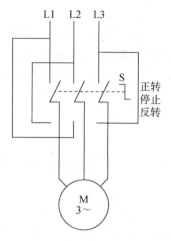

图 3-7　倒顺开关正、反转控制电路

（2）工作特点

此控制电路的优点是电路较简单，电器元件少；缺点是改变电动机的运转方向必须先把手柄扳到停止位置，然后再扳到反转位置，导致频繁换向时，操作不方便。同时，因电路中没有欠电压和零电压保护，因此这种方式只在被控电动机的容量小于5KW 的场合使用。

2. 接触器实现正、反转控制电路

利用两个接触器的主触点在主电路中构成正反转相序接线，如图 3-8 所示。

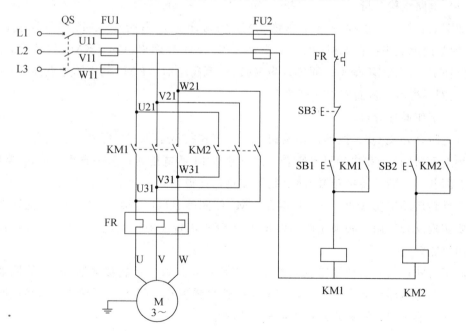

图 3-8　接触器控制三相异步电动机正、反转

（1）电路结构分析

图 3-8 中，KM1 为正转接触器，KM2 为反转接触器，它们分别由 SB1 和 SB2 控制。从主电路中可以看出，这两个接触器的主触点所接通电源的相序不同，KM1 按 U－V－W 相序接线，KM2 按 W－V－U 相序接线。相应的控制线路有两条，分别控制两个接触器的线圈。

（2）工作原理分析

先合上电源开关 QS。

①正转启动。按下启动按钮 SB1，KM1 线圈得电，KM1 主触点和自锁触点闭合，电动机正转启动运行。

②反转启动。当电动机原来处于正转运行时，必须先按下停止按钮 SB3 使 KM1 失电，然后按下反转启动按钮 SB2，则 KM2 线圈得电，KM2 主触点和自锁触点闭合，电动机反转启动运行。

此种电路的控制是很不安全的，必须保证在切换电动机运行方向之前要先按下停止按钮，然后再按下相应的启动按钮，否则将会发生主电源侧电源短路的故障。为克服这一缺陷，提高电路的安全性，需采用互锁（联锁）控制的电路。

互锁控制就是在同一时间里两个接触器只允许一个工作的控制方式。互锁控制就是将本身控制支路元件的常闭触点串联到对方控制电路之中。实现互锁控制的常用方法有接触器联锁、按钮联锁和复合联锁控制等。

3. 接触器互锁正、反转控制电路

（1）电路结构分析

如图 3-9 所示，在控制电路中将 KM1 的常闭触点串接在 KM2 的线圈支路中，KM2 的常闭触点串接在 KM1 的线圈支路，当 KM1 线圈得电时，KM1 的常闭触点断开，保证 KM2 线圈不得电；同样，当 KM2 线圈得电时，KM2 的常闭触点断开，保证 KM1 线圈不得电，从而实现互锁关系。

（2）工作原理分析

首先闭合开关 QS，按下正转按钮 SB1，正转接触器 KM1 线圈通电吸合，一方面使主触点 KM1 闭合和自锁触点闭合，使电动机 M 通电正转；另一方面，KM1 常闭辅助触点断开，切断反转接触器 KM2 线圈支路，使得它无法通电，实现互锁。此时，即使按下反转启动按钮 SB2，反转接触器 KM2 线圈因 KM1 互锁触点断开也不能通电。

要实现反转控制，必须先按下停止按钮 SB3 切断正传控制电路，然后才能启动反转控制电路。

同理可知，反转启动按钮 SB2 按下（正传停止）时，反转接触器 KM2 线圈通电。一方面接通主电路反转主触点和控制电路反转自锁触点，另一方面反转互锁触点断开，使正转接触器 KM1 线圈支路无法接通，进行互锁。

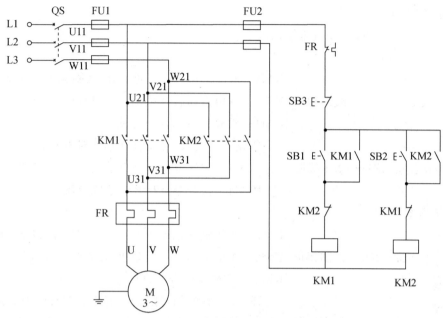

图 3-9 接触器联锁的正、反转控制电路

4. 接触器、按钮双重互锁的正、反转电路

图 3-10 所示电路可以实现电动机正向和反向启动、运转，但是当电动机正转后，需要反转时，必须按停止按钮 SB3，不能直接按反向按钮 SB2 实现反转，故操作不太方便。原因是按 SB2 时，不能断开 KM1 的电路，故 KM1 的常闭触点会继续互锁。图 3-10 所示是利用按钮和接触器双重互锁的正、反转电路。

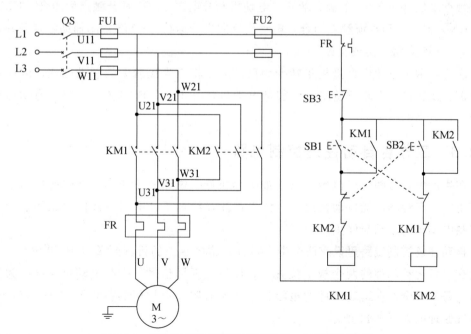

图 3-10 按钮和接触器双重互锁的正、反转控制电路

电路的工作原理如下。

合上开关 QS，接通交流电源。

（1）正转控制

启动：按 SB1→KM1 线圈得电
$\begin{cases} \text{KM1} & \text{常闭触点打开→使 KM2 线圈无法得电（联锁）} \\ \text{KM1} & \text{主触点闭合→电动机 M 通电启动正转} \\ \text{KM1} & \text{常开触点闭合→自锁} \end{cases}$

停止：按 SB3→KM1 线圈失电
$\begin{cases} \text{KM1} & \text{常闭触点闭合→解除对 KM2 的联锁} \\ \text{KM1} & \text{主触点打开→电动机 M 停止正转} \\ \text{KM1} & \text{常开触点打开→解除自锁} \end{cases}$

（2）反转控制

启动：按 SB2→KM2 线圈得电
$\begin{cases} \text{KM2} & \text{常闭触点打开→使 KM1 线圈无法得电（联锁）} \\ \text{KM2} & \text{主触点闭合→电动机 M 通电启动反转} \\ \text{KM2} & \text{常开触点闭合→自锁} \end{cases}$

停止：按 SB3→KM2 线圈失电
$\begin{cases} \text{KM2} & \text{常闭触点闭合→解除对 KM1 的联锁} \\ \text{KM2} & \text{主触点打开→电动机 M 停止反转} \\ \text{KM2} & \text{常开触点打开→解除自锁} \end{cases}$

由此可见，通过 SB1、SB2 控制 KM1、KM2 动作，改变接入电动机的交流电三相的顺序，就改变了电动机的旋转方向。

电动机直接从正转变为反转的控制如下。

当电动机在正转时，直接按下 SB2，SB2 常闭触点先断，KM1 线圈失电解除自锁，互锁触点复位（闭合）。主触点断开，电动机断开电源。SB2 常开触点后闭合，KM2 线圈，KM2 主触点和自锁触点闭合，电动机反向启动运行，KM2 常闭辅助触点断开，切断 KM1 线圈支路，实现互锁。

注意：由于电动机直接从正转变为反转时，将产生比较大的制动电流，因此这种直接正、反转控制电路只适用于小容量电动机，且正、反向转换不频繁，拖动的机械装置惯量较小的场合。

3.2.3 工作台自动往返控制电路

在生产中，有些生产机械设备中如组合机床、铣床的工作台、高炉的加料设备等都需要在一定距离内能自动往返，以使工件能连续加工，即利用被控对象的位置行程去控制电动机的启动与停止。

自动往复控制线路里设有两个带有常开、常闭触点的行程开关 SQ1 和 SQ2，分别装置在设备运动部件的两个规定位置上，以发出返回信号，控制电动机换向。为保证机械设备的安全，在运动部件的极限位置还设有限位保护用的行程开关 SQ3 和 SQ4。其电气原理图如图 3-11 所示。

工作台上装有挡铁 1 和 2，机床床身上装有行程开关 SQ1 和 SQ2。当挡铁碰撞行程开关后，接触器通电自动换接，电动机改变转向。SQ3 和 SQ4 用作限位保护，即限制工作台的极限位置。

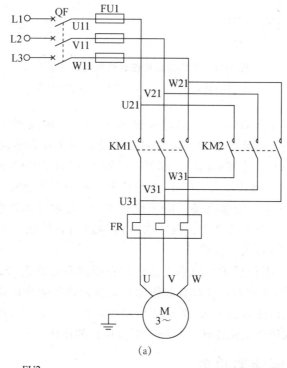

(a)

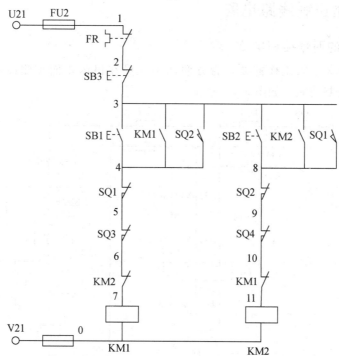

图 3-11　工作台自动往返控制电路

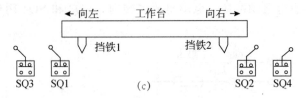

图 3-11 工作台自动往返控制电路（续）

（a）主电路；（b）控制电路；（c）工作台示意图

其工作过程为：合上 QF，按下启动按钮 SB1，KM1 因线圈通电而吸合，电动机正转启动，通过机械传动装置拖动工作台向左移动，当工作台运动到一定位置时，挡铁 1 碰撞行程开关 SQ1，使其常闭触点断开，接触器 KM1 因线圈断电而释放，电动机停转，同时 SQ1 的常开触点闭合，KM2 线圈得电，拖动工作台向右移动。同时，行程开关 SQ1 复位，为下次正转做准备。由于此时 KM2 的常开辅助触点已经闭合自锁，使电动机继续拖动工作台向右移动。当挡铁碰到 SQ2 时，情况与上述过程类似。如此工作台在预定的行程内自动往复移动。

SQ3 和 SQ4 用作限位保护，即当工作台向左或向右运动到 SQ1 或 SQ2 换向位置时，若 SQ1 或 SQ2 出现问题，并没有起作用，工作台就会继续运动，超出了规定工作位置，但当它运动到极限位置 SQ3 或 SQ4 位置时，SQ3 或 SQ4 的常闭触点就要断开，切断控制回路，从而使电动机停转，起到了限位保护的作用。

3.2.3 其他控制线路电路

1. 电动机的两地控制电路

对于多数机床，因工作需要，为方便加工人员在机床正面和侧面均能进行操作，需要具有多地控制功能。如图 3-12 所示。

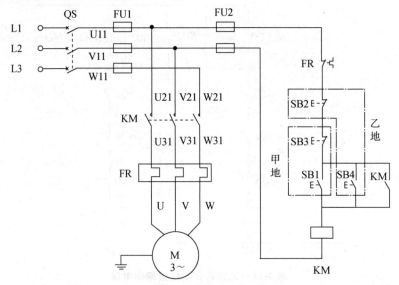

图 3-12 电动机的两地控制

图中 SB2、SB3 为机床上正、侧面两地停止开关；SB1、SB4 为电动机两地正转启动控制开关；SB1、SB2 构成正面启停控制，SB3、SB4 构成侧面启停控制。控制原理可自行分析。

2. 顺序控制电路

在实际的多电动机控制中，根据各电动机的作用不同，有时需要按照一定的顺序启动或者停车，才能保证操作过程合理和工作的安全可靠。例如在车床控制电路中，要求冷却泵电动机先工作，主轴电机才能工作，停止时刚好相反，依次完成起停。下面以两台电动机的顺序控制为例，说明其控制原理。

设有两台电动机 M1 和 M2，要求 M1 启动后 M2 才允许启动，如果 M1 没启动，M2 不能启动。用两个接触器 KM1 和 KM2 分别控制两台电动机 M1 和 M2，这样对电动机的启动顺序控制要求实质上是对接触器的通电顺序控制要求，图 3-13 所示电路能够实现上述要求。

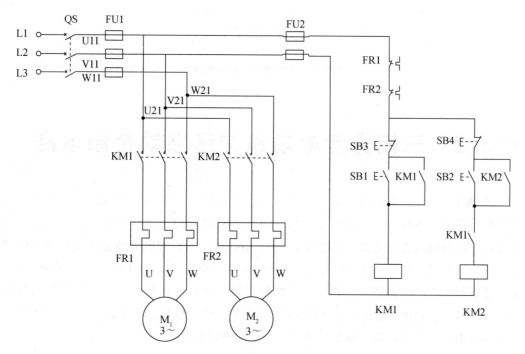

图 3-13 顺序启动、停止控制电路

在图示控制电路中，KM1 的常开辅助触头串接在 KM2 的线圈控制回路中，这样就保证了只有 KM1 通电后，KM2 才能通电，即 M1 启动后，M2 才允许启动的控制要求。该电路对停车的要求是，允许 M2 单独停车，但如果 M1 停车，则 M2 也会同时停车。

图 3-14 的控制电路实现顺序启动逆序停止控制，启动顺序与图 3-13 相同；停车顺序是只有先使 KM2 断电，KM1 才能够断电。

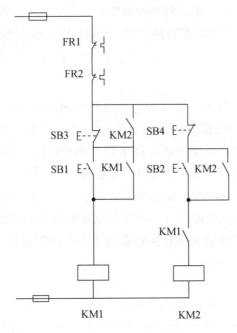

图 3-14　顺序启动逆序停止控制

3.3　三相异步电动机减压启动控制电路

　　减压启动是指在启动时，通过某种方法，降低加在电动机定子绕组上的电压，待电动机启动后，再将电压恢复到额定值。降压启动的目的是限制启动电流，因为电动机在启动时的电流为电动机额定电流的4～7倍，过大的启动电流将会造成电网电压明显下降，直接影响在同一电网工作的其他负载的正常工作。因此对大容量的电动机，尤其是容量10kW以上的三相笼型异步电动机常采用降压动启动。降压启动虽然限制了启动电流，但是由于启动转矩和电压的平方成正比，因此降压启动时，电动机的启动转矩也随之减小了，所以降压启动多用于空载或轻载启动。

　　降压启动的方法很多，常用的有定子串电阻降压启动、Y－△降压启动、自耦变压器降压启动等。无论哪种方法，对控制的要求是相同的，即给出启动信号后，先降压，当电动机转速接近额定转速时再加至额定电压。在启动过程中，转速、电流、时间等参量都发生变化，原则上这些变化参量都可以作为启动的控制信号。由于以转速和电流为变化参量控制电动机启动时，受负载变化、电网电压波动的影响较大，常造成启动失败，而采用以时间为变化参量控制电动机启动，换接是靠时间继电器的动作，负载变化或电网电压波动都不会影响时间继电器的整定时间，因此，常用时间的变化控制降压启动的转换。

3.3.1　定子串电阻减压启动控制电路

电动机定子串电阻减压启动是电动机启动时,在三相定子绕组中串接电阻分压,使定子绕组上的电压降低,启动后再将电阻短接,电动机即可在全压下运行。

1. 电路结构

定子串电阻减压启动控制电路由主电路和控制电路构成,图 3-15 给出了三相笼型异步电动机定子串电阻减压启动的控制电路。图中主电路由 KM1 和 KM2 两接触器主触点构成串电阻接线和短接电阻接线,并由控制电路按时间原则,实现从启动状态到正常工作状态的自动切换。电动机启动时在三相定子绕组中串接电阻,使定子绕组上电压降低,启动结束后再将电阻短接,使电动机在额定电压下运行。

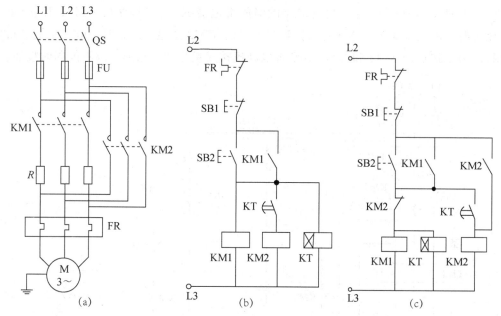

图 3-15　三相笼型异步电动机定子串电阻减压启动的控制电路

(a) 主电路;(b) 控制电路 1;(c) 控制电路 2

2. 工作原理

合上电源刀开关 QS,按下控制电路图 3-15(b)中的启动按钮 SB2,接触器 KM1 通电并自锁,同时时间继电器 KT 通电开始计时,电动机定子绕组在串入电阻的情况下启动,当达到时间继电器 KT 的整定值时,其延时闭合的动合触点闭合,使接触器 KM2 通电吸合,KM2 的三对主触点闭合,将启动电阻 R 短接,在额定电压下进入稳定正常运转。

图 3-15(b)电路中 KM1、KT 只是在电动机启动过程中起作用,在电动机正常运行时已没有作用,但在该图中一直通电,这样不但消耗了电能,而且增加了出现故障的可能性。为此常采用如图 3-15(c)所示的控制电路,在接触器 KM1 和时间继电器

KT 的线圈电路中串入接触器 KM2 的动断触点，这样当 KM2 线圈通电时，其动断触点断开，使 KM1、KT 线圈断电，以达到减少能量损耗，延长接触器、继电器的使用寿命和减少故障的目的。同时注意接触器 KM2 要有自锁环节。

3.3.2　Y-△减压启动控制电路

当三相笼型异步电动机定子绕组为三角形接法且不允许直接启动时，可以采用星形-三角形（Y-△）减压启动方式。即启动时，电动机定子绕组接成星形联接，接入三相电源；启动结束时，电动机定子换接成三角形接法运行。

1. 电路结构分析

图 3-16 所示为时间继电器控制的 Y-△降压启动线路，图中使用了三个接触器 KM1、KM2、KM3 和一个通电延时型的时间继电器 KT，当接触器 KM1、KM3 主触点闭合时，电动机成星形连接；当接触器 KM1、KM2 主触点闭合时，电动机成三角形连接。由于接触器 KM2 和 KM3 分别将电动机接成星形和三角形，故不能同时接通。

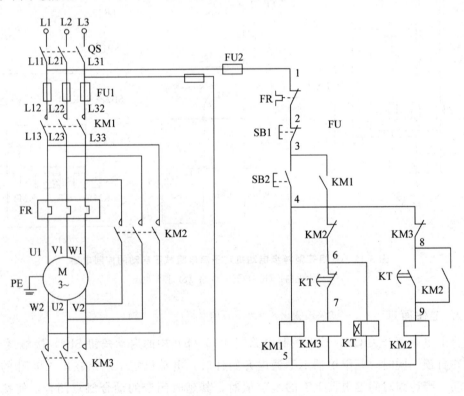

图 3-16　Y-△降压启动控制电路（三接触器）

2. 工作原理分析

合上电源开关 QS，按下启动按钮 SB2，接触器 KM1 和 KM3 以及时间继电器 KT 的线圈均通电，且利用 KM1 的动合辅助触点自锁。其中，KM3 的主触点闭合将电动机接成 Y 连接，使电动机在接入三相电源的情况下进行降压启动，其互锁的动断触点 KM3（4－8）断开，切断 KM2 线圈回路；而时间继电器 KT 延时时间到后，其动断触点 KT（6－7）断开，接触器 KM3 线圈断电，主触点断开，电动机中性点断开；KT 动合触点 KT（8－9）闭合，接触器 KM2 线圈通电并自锁，电动机接成三角形连接，并进入正常运行，同时 KM2 动断触点 KM2（4－6）断开，断开 KM3、KT 线圈电路，使电动机在三角形连接下运行时，接触器 KM3、时间继电器 KT 均处于断电状态，以减少电路故障和延长触点的使用寿命。

　　上述电路适用于较大容量的电动机减压启动，对容量较小电动机启动，可使用图 3-17 所示的控制线路，用两个接触器实现星－三角降压启动。

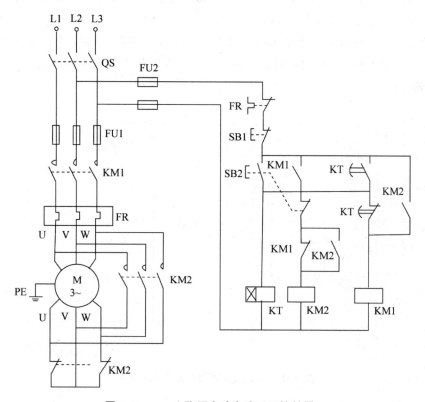

图 3-17　Y－△降压启动电路（两接触器）

本线路的主要特点如下。

　　（1）主电路中使用了接触器 KM2 的动断辅助触点，如果工作电流过大就会烧坏触点，因此这种控制线路只适用于功率较小的电动机。

　　（2）由于该线路使用了两个接触器和一个时间继电器，因此线路简单。另外，在由星形连接转换为三角形连接时，KM2 是在不带负载的情况下吸合的，这样可以延长其使用寿命。

3.3.3 自耦变压器减压启动电路

自耦变压器降压启动方法适用于正常工作时电动机定子绕组接成星形或三角形、电动机容量较大、启动转矩可以通过改变变压器抽头的连接位置得到改变的情况。它的缺点是不允许频繁启动，价格较贵，而且只用于 10kW 以上的三相异步电动机。

1. 电路结构分析

自耦变压器减压启动是利用自耦变压器来降低启动时的电压，达到限制启动电流的目的。启动时，电源电压加在自耦变压器的高压绕组上，电动机的定子绕组与自耦变压器的低压绕组联接，当电动机的转速达到一定值时，将自耦变压器排除，电动机直接与电源相接，在正常电压下运行。图 3-18 所示为用三个接触器控制的自耦变压器降压启动电气控制原理图，其中 KM2、KM3 为降压接触器，KM1 为正常运行时的接触器，KT 为通电延时型时间继电器，双抽头自耦变压器 TM 有两种抽头电压，可根据负载大小选择。

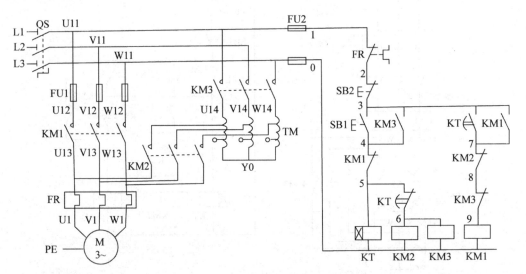

图 3-18　自耦变压器降压启动控制电路

2. 工作原理分析

自耦变压器降压启动是通过自耦变压器把电压降低后，再加到电动机的定子绕组上，以达到减小启动电流的目的。启动时电源电压接到自耦变压器的一次侧，改变自耦变压器抽头的位置可以获得不同的二次电压，自耦变压器常有 85％、80％、65％、60％和 40％等抽头，启动时将自耦变压器二次侧接电动机定子绕组上，由此，电动机定子绕组得到的电压即为自耦变压器不同抽头所对应的二次电压。当启动完毕时，自耦变压器被排除，额定电压直接加到电动机定子绕组上，使电动机在额定电压下正常运行。

控制电路工作过程如下：合上电源开关 QS，按下启动按钮 SB1，接触器 KM2、KM3、KT 的线圈通电并通过 KM3 的动合辅助触点自锁，KM2、KM3 的主触点闭合将自耦变压器接入电源和电动机之间，电动机定子绕组从自耦变压器的二次侧获得不同抽头所对应的降压电压使电动机启动，同时，时间继电器 KT 开始延时。当电动机转速上升到接近额定转速时，对应的时间继电器 KT 延时结束，其延时动合触点闭合，使 KM1 线圈通电，KM1（3－7）动合触点闭合并自锁，KM1 动断触点断开使 KM2、KM3、KT 的线圈均断电，将自耦变压器从电源和电动机间排除，KM1 主触点闭合接通电动机主电路，使电动机在额定电压下运行。

3.4 三相异步电动机制动控制电路

在有些生产过程中要求电动机能迅速而准确地停车，但三相异步电动机切断电源后，由于惯性作用，总要经过一段时间才能完全停止，这就要求对电动机进行强迫制动，这种使电动机在切断电源后能迅速停车的措施，称为电动机的制动。电动机的制动方法有电磁机械制动和电气制动两种。电磁机械制动是用电磁铁操纵机械进行制动的，如电磁抱闸制动器、电磁铁离合制动器等。电气制动是用电气的方法，使电动机在切断电源后，产生一个与原来转动方向相反的制动转矩来迫使电动机迅速停止转动。三相笼型异步电动机常用的电气制动方法有反接制动和能耗制动。

3.4.1 电磁式机械制动控制电路

切断电源以后，利用机械装置使电动机迅速停转的方法称为机械制动。电磁抱闸和电磁离合器两种机械制动装置应用较普遍，下面以电磁抱闸制动为例说明机械制动原理。电磁抱闸制动控制电路有断电制动和通电制动两种。

1. 断电制动控制电路

电磁抱闸断电制动控制电路如图 3-19 所示，其工作原理如下。

合上电源开关 QS。

按下启动按钮 SB1，接触器 KM 得电吸合，电磁抱闸线圈 YA 得电，使抱闸的闸瓦与闸轮分开，电动机启动。

需制动时，按下停止按钮 SB2，接触器 KM 线圈失电，电动机的电源被切断，电磁抱闸线圈 YA 失电，在弹簧的作用下，闸瓦与闸轮紧紧抱住，电动机被迅速制动而停转。

电磁抱闸断电制动控制电路的工作特点如下。

采用电磁抱闸断电制动，不会因中途断电或电气故障的影响而造成事故，比较安全可靠。缺点是电源切断后，电动机的轴就被制动刹住不能转动，不便调整。因此，在电梯、起重、卷扬机等一类升降机械上应用较多。

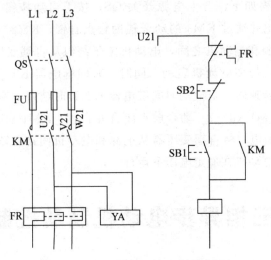

图 3-19   电磁抱闸断电制动控制电路

2. 通电制动控制电路

电磁抱闸通电制动控制电路如图 3-20 所示，该控制电路与断电制动电路不同，制动装置的结构也有所不同。

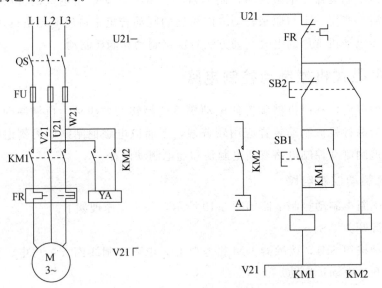

图 3-20   电磁抱闸通电制动控制电路

在主电路有电流流过时，电磁抱闸线圈两端没有电压，闸瓦与闸轮松开。其工作原理如下。

合上电源开关 QS。

需制动时，按下停止按钮 SB2，主电路断电，复合按钮 SB2 动合触点闭合，接触器 KM2 得电，电磁抱闸线圈 YA 得电，闸瓦与闸轮抱紧制动。

松开复合按钮 SB2，接触器 KM2 失电释放，电动机的电源被切断，电磁抱闸线圈 YA 失电，抱闸松开。

电磁抱闸通电制动控制电路的工作特点如下。

采用电磁抱闸通电制动，在电动机不运转的情况下，电磁抱闸处于"松开"状态，在电动机未通电时，便于用手扳动主轴进行调整和对刀。因此，像机床类经常需要调整加工工件位置的机械设备，多采用这种制动方式。

3.4.2 反接制动控制电路

反接制动是将运动中的电动机电源两相反接，以改变电动机定子绕组中的电源相序，从而使旋转磁场的方向变为和转子的旋转方向相反，转子绕组中的感应电动势、感应电流和电磁转矩的方向都发生了改变，电磁转矩变成了制动转矩。制动过程结束，如需停车，应立即切断电源，否则电动机将反向启动。所以在一般的反接制动电路中常利用速度继电器来反映速度，以实现自动控制。

1. 电路结构分析

图 3-21 所示为电动机单向运行反接制动的控制线路。在控制线路中停止按钮 SB1 采用复合按钮，按下 SB1 时切断电动机正常运转的电源，同时接通反接电源；KM2 交流接触器控制电动机正常运转，KM1 控制电动机接入反向电源；KS 速度继电器用来自动控制电动机切除反接电源。

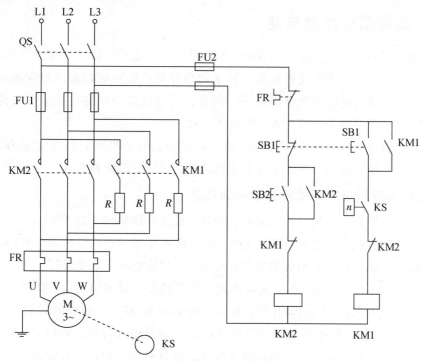

图 3-21 电动机单向运行反接制动的控制电路

2. 电路的工作过程

合上电源刀开关 QS，按下启动按钮 SB2，接触器 KM2 线圈通电并自锁，主触点闭合，电动机启动单向运行；动断辅助触点 KM2 断开，实现互锁。当电动机的转速大于 120r/min 时，速度继电器 KS 的动合触点 KS 闭合，为反接制动做好准备。

停车时，按下停止按钮 SB1，则动断触点 SB1 先断开，接触器 KM2 线圈断电；KM2 主触点断开，使电动机脱离电源；KM2 自锁触点断开，切除自锁；KM2 动断触点闭合，为反接制动做准备。此时电动机虽脱离电源，但由于机械惯性，电动机仍以很高的转速旋转，因此速度继电器的动合触点 KS 仍处于闭合状态。将 SB1 按到底，其动合触点 SB1 闭合，从而接通反接制动接触器 KM1 的线圈；动合触点 KM1 闭合自锁；动断触点 KM1 断开，实现互锁；KM1 主触点闭合，使电动机定子绕组 U、W 两相交流电源反接，电动机进入反接制动的运行状态，电动机的转速迅速下降。当转速 n<100r/min 时速度继电器的触点复位，KS 断开，接触器 KM1 线圈断电，反接制动结束。

在反接制动时，由于反向旋转磁场的方向和电动机转子做惯性旋转的方向相反，因而转子和反向旋转磁场的相对转速接近于两倍同步转速，定子绕组中流过的反接制动电流相当于启动时电流的 2 倍，冲击很大。因此，反接制动虽有制动快、制动转矩大等优点，但是由于有制动电流冲击过大、能量消耗大、适用范围小等缺点，故此种制动方法仅适用于 10kW 以下的小容量电动机。通常在笼型异步电动机的定子回路中串接电阻以限制反接制动电流。

3.4.3 能耗制动控制电路

所谓能耗制动，就是在电动机脱离三相电源之后，在定子绕组上加一个直流电压，通入直流电流，产生一个恒定的磁场，转子因惯性继续旋转而切割该恒定的磁场，转子导条中便产生感应电动势和感应电流，同时将运动过程中存储在转子中的机械能转变为电能，再消耗在转子电阻上的一种制动方法。

能耗制动的特点是制动电流较小，能量损耗小，制动准确，但它需要直流电源，制动速度较慢，所以适用于要求平稳制动的场合，有如下两种方式。

1. 按时间原则控制的能耗制动控制电路

按时间原则控制的笼型异步电动机能耗制动控制电路如图 3-22 所示。

电路工作过程：合上电源刀开关 QS，按下启动按钮 SB2，接触器 KM1 线圈通电动作并自锁，主触点接通电动机主电路，电动机在额定电压下启动运行。

停车时，按下停止按钮 SB1，其动断触点断开使接触器 KM1 线圈断电，主触点断开，切断电动机电源，SB1 的动合触点闭合，接触器 KM2、时间继电器 KT 线圈均通电，并经 KM2 的动合辅助触点和 KT 的瞬时动断触点实现自锁；同时，KM2 的主触点闭合，给电动机两相定子绕组通入直流电流，进行能耗制动。经过一定时间后，KT 延时时间到，其动断延时触点断开，接触器 KM2 线圈断电释放，主触点断开，切断直流电源，并且时间继电器 KT 线圈断电，为下次制动做好准备。在该控制电路图中，时间继电器 KT 的整定值即为制动过程的时间。图中利用 KM1 和 KM2 的动断触点进行互锁，目的是防止交流电和直流电同时进入电动机定子绕组，造成事故。

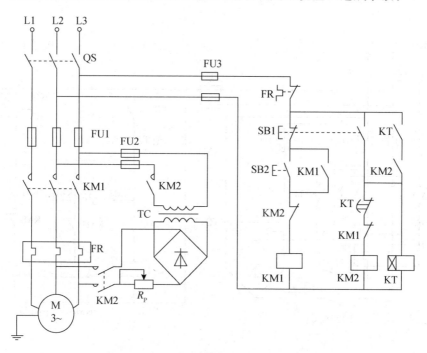

图 3-22　按时间原则控制的电动机能耗制动控制电路

2. 按速度原则控制的能耗制动控制电路

按速度原则控制的能耗制动控制电路原理图如图 3-23 所示。图中接触器 KM1 和 KM2 分别为正、反接触器，KM3 为制动接触器，KS 为速度继电器，KS1、KS2 分别为正、反转时速度继电器对应的动合触点。

电路的工作过程以正转过程为例进行分析：启动时，合上电源刀开关 QS，按下正转启动按钮 SB2，接触器 KM1 线圈通电并自锁，电动机正转，当电动机转速上升到 120r/min 时，速度继电器动合触点 KS1 闭合，为能耗制动做好准备。

停车时，按下停止按钮 SB1，接触器 KM1 线圈断电，SB1 的动合触点闭合，接触器 KM3 线圈通电动作并自锁，主触点闭合，将直流电源接入电动机定子绕组中进行能耗制动，电动机转速迅速下降。当转速下降到 100r/min 时，速度继电器 KS 的动合触点 KS1 断开，KM3 线圈断电，能耗制动结束，之后电动机自由停车。

注意：试车中尽量避免过于频繁启动及制动，以免电动机过载及由半导体元件组成的整流器过热而损坏元器件。能耗制动线路中使用了整流器，如果主电路接线错误，除了会造成熔断器 FU1 动作，接触器 KM1 和 KM2 主触点烧坏以外，还可能烧毁过载能力差的整流器。因此试车前应反复核对和检查主电路接线，且必须进行空操作试车，线路动作正确、可靠后，才可进行空载试车和带负荷试车，以免造成事故。

能耗制动时制动转矩随电动机的惯性转速下降而减小，因而制动平稳。这种制动方法将转子惯性转动的机械能转换成电能，又消耗在转子的制动上，所以称为能耗制动。

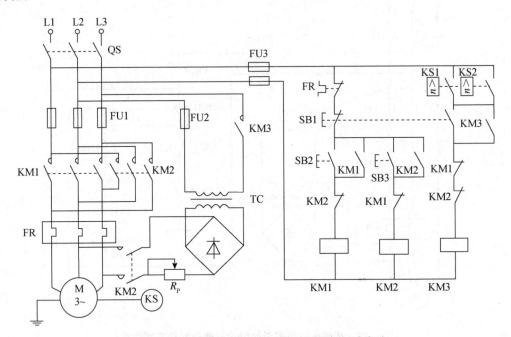

图 3-23　按速度原则控制的可逆运行能耗制动电路

3.5　三相异步电动机调速控制电路

采取一定的方法，使电动机转动速度改变的过程称为调速。实际生产中，对机械设备常有多种速度输出的要求，根据电工学中所学知识，交流电动机转速公式为：

$$n = \frac{60f}{p}(1-s) \qquad (3-1)$$

式中，n 为电动机的转速，单位 r/min；p 为电动机极对数；f 为供电电源频率，单位 Hz；s 为异步电动机的转差率。

由上式分析，通过改变定子电压频率 f、磁极对数 p 以及转差率 s 都可以实现交流异步电动机的速度调节，具体可以归纳为变极调速、变转差率调速和变频调速三大类，而变转差率调速又包括调压调速、转子串电阻调速、串级调速等，它们都属于转差功率消耗型的调速方法。

3.5.1 改变磁极对数的调速

1. 电动机磁极对数

变换异步电动机定子绕组磁极对数从而改变同步转速进行调速的方式称为变极调速。其转速只能按阶跃方式变化，不能连续变化。变极调速的基本原理是：在电网频率不变，电动机的同步转速与它的磁极对数成反比。因此，变更电动机定子绕组的接线方式，使其在不同的磁极对数下运行，其同步转速便会随之改变。异步电动机的磁极对数是由定子绕组的联接方式来决定，这样就可以通过改换定子绕组的联接来改变异步电动机的磁极对数。对笼型异步电动机一般采用改变磁极对数的调速方法。双速电动机、三速电动机是变极调速中最常用的两种形式。

双速电动机的定子绕组的联接方式常有两种：一种是绕组从三角形改成双星形（△/YY），如图 3-24（a）所示，另一种是绕组从单星形改成双星形（Y/YY），如图 3-24（b）所示。这两种接法都能使电动机产生的磁极对数减少一半即电动机的转速提高一倍。

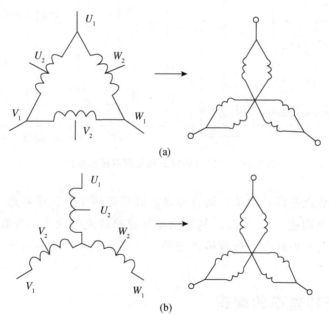

图 3-24 双速电动机的定子绕组的接线图

（a）△/YY；（b）Y/YY

2. 双速电动机的控制电路

图 3-25 是双速电动机三角形变双星形的控制原理图，当按下启动按钮 SB2，主电路接触器 KM1 主触头闭合，电动机三角形连接，电动机以低速运转。同时 KA 的常开触头闭合使时间继电器线圈带电，经过一段时间，KM1 的主触头断开，KM2、KM3 的主触头闭合，电动机的定子绕组由三角形变双星形，电动机以高速运转。

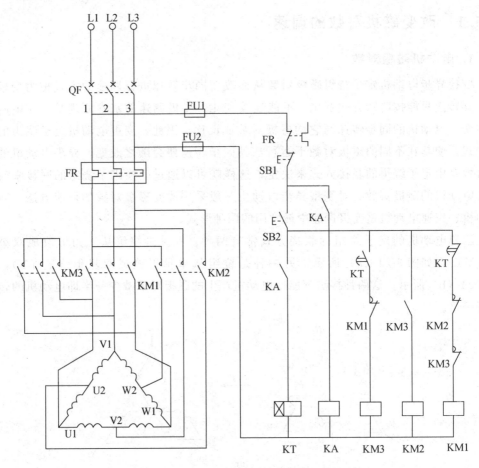

图 3-25 双速电动机三角形变双星形的控制

变极调速的优点是设备简单，运行可靠，既可适用于恒转矩调速（Y/YY），也可适用于近似恒功率调速（△/YY）。其缺点是转速只能成倍变化，为有级调速。Y/YY变极调速应用于起重电葫芦、运输传送带等；△/YY变极调速应用于各种机床的粗加工和精加工。

3.5.2　改变转差率的调速

1. 变压调速

变压调速是异步电机调速系统中比较简便的一种。由电气传动原理可知，当异步电机的等效电路参数不变时，在相同的转速下，电磁转矩与定子电压的二次方成正比，因此，改变定子外加电压就可以改变机械特性的函数关系，从而改变电动机在一定输出转矩下的转速。目前主要采用的晶闸管交流调压器变压调速，是通过调整晶闸管的触发角来改变异步电动机端电压进行调速的一种方式。这种调速方式调速过程中的转差功率损耗在转子里或其外接电阻上效率较低，仅用于小容量电动机。

2. 转子串电阻调速

转子串电阻调速是在绕线转子异步电动机转子外电路上接入可变电阻，通过对可变电阻的调节，改变电动机机械特性斜率来实现调速的一种方式。电机转速可以按阶跃方式变化，即有级调速。其结构简单，价格便宜，但转差功率损耗在电阻上，效率随转差率增加等比下降，故这种方法目前较少采用。

3. 串级调速

绕线转子异步电动机的转子绕组能通过集电环与外部电气设备相连接，可在其转子侧引入控制变量如附加电动势进行调速。在绕线转子异步电动机的转子回路串入不同数值的可调电阻，从而获得电动机的不同机械特性，以实现转速调节。

电气串级调速的基本原理是在绕线转子异步电动机转子侧通过二极管或晶闸管整流桥，将转差频率交流电变为直流电，再经可控逆变器获得可调的直流电压作为调速所需的附加直流电动势，将转差功率变换为机械能加以利用或使其反馈回电源而进行调速的一种方式。这是一种节能型调速方式，在大功率风机、泵类等传动电动机上得到应用。

3.5.3　变频调速

变频调速是利用电动机的同步转速随频率变化的特性，通过改变电动机的供电频率进行调速的方法。在异步电动机诸多的调速方法中，变频调速的性能最好，调速范围广，效率高，稳定性好。采用通用变频器对笼型异步电动机进行调速控制，通常分基频（电源额定频率）以下调速和基频以上调速。

1. 基频以下的调速

在基频以下调速时，速度调低。在调节过程中，必须配合电源电压的调节，否则电动机无法正常运行。原因是根据电动机电动势电压平衡方程：

$$U \approx E = 4.44fNK\Phi_m \tag{3-2}$$

式中，N 为每相绕组的匝数；Φ_m 为电动机气隙磁通的最大值；K 为电动机的结构系数），当 f 下降时，若 U 不变，则必使 Φ_m 增加，而在电动机设计制造时，磁路磁通 Φ_m 设计得已接近饱和，Φ_m 的上升必然使磁路饱和，励磁电流剧增，使电动机无法正常工作。为此，在调节中应使 Φ_m 恒定不变，则必须使 $U/f =$ 常数，可见，在基频以下调速时，为恒磁通调速，相当于直流电动机的调压调速，此时应使定子电压随频率成正比例变化。

2. 基频以上的调速

在基频以上调速时，速度调高。但此时也按比例升高电压是不行的，因为此时往上调 U 将超过电动机额定电压，从而超过电动机绝缘耐压限度，危及电动机绕组的绝缘。因此，频率上调时应保持电压不变，即 $U =$ 常数（即为额定电压），此时，f 升高，Φ_m 应下降，相当于直流电动机弱磁调速。

由上面的讨论可知，异步电动机的变频调速必须按照一定的规律同时改变其定子电压和频率，根据 U_1 和 f_1 的不同比例关系，会有不同的变频调速方式。保持 U_1/f_1 为常数的比例控制方式适用于调速范围不太大或转矩随转速下降而减小的负载，例如风机、水泵等；保持 T 为常数的恒磁通控制方式适用于调速范围较大的恒转矩性质的负载，例如升降机械、搅拌机、传送带等；保持 P 为常数的恒功率控制方式适用于负载随转速的增加而变小的地方，例如主轴传动、卷绕机等。

3.6　直流电动机的控制电路

直流电动机的突出优点是有很大的启动转矩并能在很大的范围内平滑地调速。直流电动机的控制包括直流电动机的启动、正反转、调速及制动的控制。按励磁方式可分为他励、并励、串励和复励四种。并励及他励直流电动机的性能及控制电路相近，它们多用在机床等设备中，在牵引设备中，则以串励直流电动机应用为多。

3.6.1　直流电动机的启动控制电路

直流电动机在启动最初的一瞬间，因为电动机的转速等于零，则反电动势为零，所以电源电压全部施加在电枢绕组的电阻及线路电阻上。通常这些电阻都是极小的，所以这时流过电枢的电流很大，启动电流可达额定电流的 $10 \sim 20$ 倍。这样大的启动电流将导致电动机换向器和电枢绕组的损坏，同时大电流产生的转矩和加速度对其他传动部件也将产生强烈的冲击。若外加的是恒定电压，则必须在电枢回路中串入附加电阻来启动，以限制启动电流。

1. 并励直流电动机的启动控制电路

（1）并励直流电动机的启动控制电路的工作原理

图 3-26 所示为并励直流电动机的启动控制电路。图中电枢回路的电阻 R 为降压启动电阻，其工作原理如下。

①合上电源开关 QS。

②按下启动按钮 SB1，接触器 KM 得电吸合并自锁，直流电动机电枢回路串入电阻 R 启动，随着转速逐渐上升，通过电动机的电流减小，电阻 R 上电压下降，接在电枢两端的电压继电器 KA 线圈两端电压逐渐上升。当 KA 线圈的电压上升到一定值时，KA 动合触点闭合，短接电阻 R，电动机在额定电压下运行。

③按下停止按钮 SB2，接触器 KM 断电释放，电动机 M 停止转动。

（2）并励直流电动机的启动控制电路的工作特点

并励直流电动机在启动时需在施加电枢电压之前，先接上额定励磁电压，以保证启动过程中产生足够大的反电动势，迅速减小启动电流和保证足够大的启动转矩，加速启动过程。因此，常被转速需要保持恒定或需要在广泛范围内进行调速的生产机械所采用。

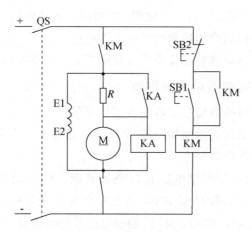

图 3-26　并励直流电动机的启动控制电路

2. 他励直流电动机的启动控制电路

（1）他励直流电动机的启动控制电路的工作原理

他励直流电动机启动控制电路如图 3-27 所示，这是一个用时间继电器控制二级电阻启动的电路。其工作原理如下。

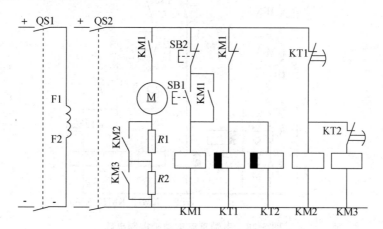

图 3-27　他励直流电动机启动控制电路

①合上开关 QS1 和 QS2，励磁绕组 F1F2 首先得到励磁电流。同时，时间继电器 KT1 和 KT2 的线圈也得电，其动断触点断开，接触器 KM2 和 KM3 线圈断电，并联在启动电阻 R1 和 R2 上的接触器动合触点 KM2 和 KM3 处于断开状态，从而保证了电动机在启动时电阻全部串入电枢回路中。

②按下启动按钮 SB1，接触器 KM1 线圈得电吸合并自锁，电动机在串入全部启动电阻的情况下降压启动。同时，由于接触器 KM1 的动断触点断开，时间继电器 KT1 和 KT2 线圈断电。KT1 延时闭合的动断触点首先延时闭合，接触器 KM2 线圈通电，

其动合触点闭合，将启动电阻 R1 短接，电动机继续加速。KT2 延时闭合的动断触点延时闭合，接触器 KM3 通电吸合，将电阻 R2 短接，电动机启动完毕，正常运行。

（2）他励直流电动机的启动控制电路的工作特点

他励直流电动机控制电路的工作特点与并励直流电动机控制电路的工作特点相似。

3. 串励直流电动机的启动控制电路

（1）串励直流电动机的启动控制电路的工作原理

串励直流电动机启动控制电路如图 3-28 所示，这也是一个用时间继电器控制二级电阻启动的电路。其工作原理如下。

①合上电源开关 QS，时间继电器 KT1 线圈得电，KT1 闭合触点立即断开。

②按下启动按钮 SB1，接触器 KM1 通电吸合并自锁，KM1 主触点接通主回路，电动机串电阻 R1 和 R2 降压启动。R1 两端的电压开始时较高，时间继电器 KT2 动作，KT2 动断触点瞬时断开。同时，由于 KM1 动断触点断开，KT1 线圈断电，KT1 延时闭合的动断触点延时闭合，接触器 KM2 通电吸合，其动合触点闭合，启动电阻 R1 短接。这时，时间继电器 KT2 线圈断电，KT2 延时闭合的动断触点延时闭合，接触器 KM3 通电吸合，将电阻 R2 短接，电动机全压运行。

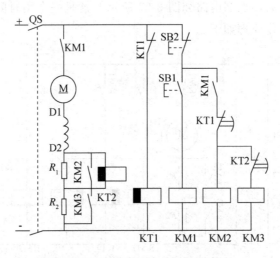

图 3-28 串励直流电动机控制电路

（2）串励直流电动机的启动控制电路的工作特点

并励、他励直流电动机的电磁转矩与电枢电流成正比，而串励电动机的电磁转矩 T 与电枢电流的平方成正比。也就是说在同样大的启动电流下，串励电动机的启动转矩要比并励或他励电动机的启动转矩大得多。所以，在带大负载启动或启动很困难的场合，如电力机车、起重机等宜采用串励直流电动机拖动。串励电动机不能在空载或轻载的情况下启动，应在至少带有 20%～30% 负载的情况下启动。否则，电动机的转速极高，会使电枢受到极大的离心力而导致损坏。

3.6.2　直流电动机的正、反转控制电路

要改变直流电动机的旋转方向，只要改变它的电磁转矩方向即可。直流电动机电磁转矩的方向取决于主磁通和电枢电流的方向，所以电动机的励磁绕组的端电压极性不变，改变电枢绕组端电压的极性；或电枢绕组电压极性不变，改变励磁绕组端电压的极性，都可以改变电动机的旋转方向。因此，改变直流电动机的旋转方向有以下两种方法：一是改变电枢电流方向；二是改变励磁电流的方向，但是不能同时改变这两个电流的方向。

1. 改变电枢绕组中的电流方向

这种方法常用于并励和他励直流电动机中。因为并励和他励直流电动机励磁绕组的电感量大，若要使励磁电流改变方向，一方面，将励磁绕组从电源上断开时会产生较大的自感电动势，很容易把励磁绕组的绝缘层击穿；另一方面，改变励磁电流方向时，由于中间有一段时间励磁电流为零，容易出现"飞车"现象，使电动机的转速超过允许的程度，因此，通常还需要用接触器在改变励磁电流方向的同时切断电枢回路电流。由于以上这些原因，一般情况下，并励和他励直流电动机多采用改变电枢绕组中电流的方向来改变电动机的旋转方向。

并励直流电动机正、反转控制电路如图 3-29 所示。控制电路部分与交流异步电动机正、反转控制电路相同，工作原理可自行分析。

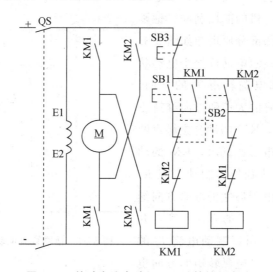

图 3-29　并励直流电动机正、反转控制电路

2. 改变励磁绕组中的电流方向

这种方法常用于串励直流电动机。因为串励电动机励磁绕组两端的电压较低，反接较容易，电力机车等的反转都采用这种方法。其控制电路的部分原理图如图 3-30 所示，其余部分与图 3-29 完全相同。

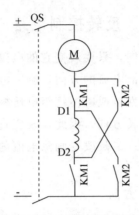

图 3-30　串励直流电动机正、反转控制电路

3.6.3 直流电动机的制动控制电路

直流电动机的制动方法也有机械制动和电气制动两种。由于电气制动的制动转矩大，操作方便，无噪声，所以应用较广。直流电动机的电气制动有能耗制动和反接制动等。

1. 能耗制动

能耗制动是把正在运转的直流电动机的电枢从电源上断开，接上一个外加电阻 R_z 组成回路，将机械动能变为热能消耗在电枢和 R_z 上。

（1）他励直流电动机的能耗制动。他励直流电动机能耗制动的部分原理图如图 3-31 所示。图中虚线箭头表示电动机处于电动状态时的电枢电流 I 和电磁转矩 T 的方向。电动机制动时，其励磁的大小和方向维持不变，接触器 KM 释放，KM 的动合主触点断开，使电枢脱离直流电源；同时，KM 的动断触点闭合，把电枢接到外加制动电阻 R_z 上去。这时，电动机由于惯性仍按原方向继续旋转，因而反电动势 E_a 的方向不变，并成为电枢回路的电源，所以制动电流 I_z 的方向与原来的方向相反。电磁转矩的方向也

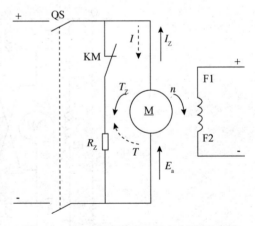

图 3-31　他励直流电动机能耗制动原理图

随着电流的反向而改变方向，即与转子旋转方向相反，成为制动转矩 T_z，这就促使电动机迅速减速直至停止转动。

应注意选择大小适当的制动电阻 R_z，R_z 过大，制动缓慢；R_z 过小，电枢中的电流将超过电枢电流允许值。一般可按最大制动电流不大于两倍电枢额定电流来计算。

（2）串励直流电动机的能耗制动。串励直流电动机能耗制动有自励式和他励式两

种。他励式能耗制动的原理如图 3-32 所示，与他励交流电动机能耗制动原理相似。自励式能耗制动在制动时必须将励磁绕组与电枢绕组反向串联，否则无法产生制动转矩（仅电枢电流与励磁电流同时反向，转矩方向将不变），其原理如图 3-33 所示。

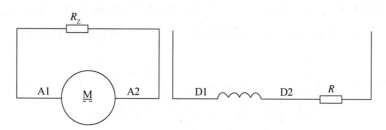

图 3-32　他励式能耗制动的原理图

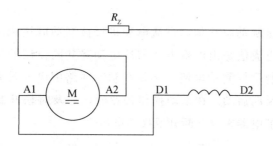

图 3-33　自励式能耗制动的原理图

2. 反接制动

反接制动是把正在运转的直流电动机的电枢两端突然反接，并维持其励磁电流方向不变的制动方法。

（1）他励直流电动机的反接制动。图 3-34 为他励直流电动机反接制动的部分原理图。在反接制动时，断开正转接触器 KM1 的主触点，闭合反转接触器 KM2 的主触点，直流电源反接到电枢两端。由于电枢电流的方向发生了变化，转矩也随之反向，电动机因惯性仍按原方向旋转，转矩与转向相反而成为制动转矩，使电动机处于制动状态。

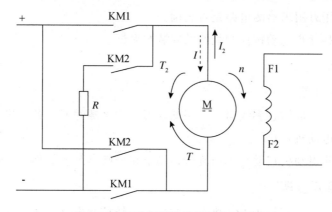

图 3-34　他励直流电动机制动原理图

（2）串励电动机的反接制动。串励电动机的反接制动工作原理如图 3-35 所示。对于串励直流电动机，由于励磁电流就是它的电枢电流，在采用电枢反接的方法来实现反接制动时，必须注意，通过电枢绕组的电流和励磁绕组中的励磁电流不能同时反向。如果直接将电源极性反接，则由于电枢电流和励磁电流同时反向，由它们建立的电磁转矩 T 的方向却不改变，不能实现反接制动。所以，一般只将电枢反接。

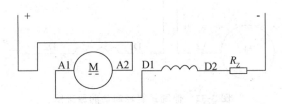

图 3-35　串励直流电动机反接反接制动原理图

与异步电动机反接制动时相似，直流电动机反接制动应注意两个问题：一是因为反接制动时，电枢的电流值是由电枢电压与反电动势共同作用的缘故，反接制动的电流极大。这是为了限制反接制动电流，必须在制动回路中串入限流电阻。二是反接制动时，要防止电动机反向启动。在手动操作按钮时，要及时松开制动按钮；在自动操作时，则可采用速度继电器来自动断开反极性电源。

3.7　实　　训

3.7.1　三相异步电动机点动与单向旋转控制电路

1. 实训目的

（1）掌握三相异步电动机点动与单向旋转控制电路工作原理。

（2）学会根据电气原理图绘制元件布置图及控制电路接线图。

（3）学会使用万用表检测电路是否正确。

（4）学会三相异步电动机控制线路的安装与调试。

2. 实训设备

（1）万用表：1 块。

（2）尖嘴钳、老虎钳、剥线钳、一字螺丝刀、十字螺丝刀：各 1 只。

（3）小功率电动机：1 台。

（4）三相异步电动机点动与单向旋转控制电路安装盘及元器件：1 套。

3. 实训内容及步骤

（1）实训电路。三相异步电动机点动与单向旋转控制电路如图 3-36 所示。

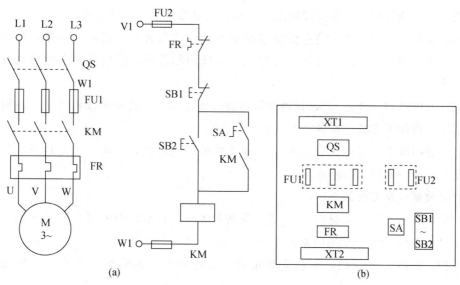

图 3-36　三相异步电动机点动与单向旋转控制

(a) 原理图；(b) 电器布置图

（2）电器元件和器材的选择。根据电气原理图及电动机容量大小选择电器元件，并将元件规格、型号、数量记录表 3-2 中。

表 3-2　自锁控制电路元器件

序号	器件名称	字母符号	型号	规格	数量
1	三相异步电机	M			
2	组合开关	QS			
3	熔断器	FU			
4	接触器	KM			
5	按钮	SB			
6	热继电器	FR			
7	接线端子排	XT			
8	转换开关	SA			

（3）绘制电路元件布置图及电路接线图。图 3-36 （b）为绘制的电路元件布置图，按布置图绘制电路安装接线图，将电气元件的符号画在规定的位置，对照原理图的线号标出各端子的编号。

（4）配置电路板。根据元件布置图和接线图，在配电板上安装电器元件，各个元件的位置应排列整齐、均匀，间隔合理，便于更换元件。紧固时要用力均匀，紧固程度适当，防止用力过猛而损毁元器件。

（5）接线。在配电板上根据原理图和接线电路图，并按接线图编号在各元件和连

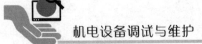

接线两端做好编号标志，根据接线工艺要求，在电路板上完成导线连接。

（6）线路检测与调试。检查控制线路中各元件的安装是否正确和牢靠，各接线端子是否连接牢固，线头上的线号是否与电路原理图相符合，使用万用表检测电路连接是否正确。

（7）通电试验。合上 QS，接通交流电源，按下 SB2，观察电动机转向，各触点的工作情况。再按下 SB1，观察电动机的工作状态。

（8）故障检查及排除。在通电试车成功的电路中，设置故障，通电运行，记录故障现象，并分析原因，排除故障。

常见故障检修方法如下。

①检查控制电路。先查验 FU2 的熔丝是否熔断，若断，则可判定 KM 线圈绝缘层被击穿（因 KM 线圈是控制电路的唯一负载）。

维护：更换 KM 线圈，重新安装熔丝，清理触点上的灼伤（如毛刺、触点熔焊等）。

②若 FU2 的熔丝没断，则电路故障肯定在主电路中。

检查方法：分断异步电动机的三相电源，用万用表测量三相绕组的每相电阻。若正常，用兆欧表测量三相绕组对地（电动机外壳）的绝缘电阻，绝缘电阻应大于 $50M\Omega$；若还是不正常，很可能是连接导线绝缘层损坏，造成短路。通常情况下，故障原因应是上述三种之一。

维护：查明原因后，更换坏电动机或导线；修理接触器的主触点，检查热继电器的热元件是否损坏；更换 FU1 熔丝。

4. 注意事项

（1）检修前要认真阅读电路图，熟练掌握各个控制环节的原理及作用。要求学生认真地观察和理解教师的示范检修方法及思路。

（2）检修中的所用工具、仪表应符合使用要求，并能正确地使用，检修时要认真核对导线的线号，以免出现误判。

（3）排除故障时，必须修复故障点，但不得采用元件代换法。

（4）排除故障时，严禁扩大故障范围或发生新的故障。

（5）要求学生用电阻测量法排除故障，以确保安全。

5. 技能训练考核评分标准

技能训练考核评分标准如表 3-3 所示。

表 3-3 评分标准

项目内容	评分标准	配分	扣分	得分
装前检查	1. 电动机质量检查，每漏一处扣 3 分 2. 电器元件漏检或错检，每处扣 2 分	15		

（续表）

项目内容	评分标准	配分	扣分	得分
安装元件	1. 不按布置图安装，扣 10 分 2. 元件安装不牢固，每个扣 2 分 3. 安装元件时漏装螺钉，每个扣 0.5 分 4. 元件安装不整齐、不匀称、不合理，每个扣 3 分 5. 损坏元件，扣 10 分	15		
布线	1. 不按电路图接线，扣 15 分 2. 布线不符合要求：主电路，每根扣 2 分；控制电路，每根扣 1 分 3. 接点松动、接点露铜过长、压绝缘层、反圈等，每处扣 0.5 分 4. 损伤导线绝缘或线芯，每根扣 0.5 分 5. 漏记线号不清楚、遗漏或误标，每处扣 0.5 分 6. 标记线号不清楚、遗漏或误标，每处扣 0.5 分	30		
通电试车	1. 第一次试车不成功，扣 10 分 2. 第二次试车不成功，扣 20 分 3. 第三次试车不成功，扣 30 分	40		
安全文明生产	违反安全、文明生产规程，扣 5～40 分			
定额时 90min	按每超时 5min 扣 5 分计算			
备注	除定额时间外，各项目的最高扣分不应超过配分数			
开始时间	结束时间	实际时间		

3.7.2　三相异步电动机正反转控制电路

1. 实训目的

（1）掌握三相异步电动机正反转控制电路工作原理。

（2）学会根据电气原理图绘制元件布置图及控制电路接线图。

（3）学会三相异步电动机正反转控制线路的安装与调试。

（4）学会使用万用表检测电动机正反转电路。

2. 实训设备

（1）万用表：1 块。

（2）尖嘴钳、老虎钳、剥线钳、一字螺丝刀、十字螺丝刀：各 1 只。

（3）小功率电动机：1 台。

（4）三相异步电动机正反转控制电路安装盘及元器件：1 套。

3. 实训内容及步骤

（1）实训电路。三相异步电动机正反转控制电路如图3-37所示。

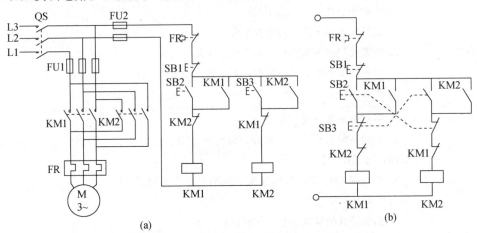

图 3-37 三相异步电动机正反转控制电路

（a）接触器互锁控制；（b）双重互锁控制

（2）电器元件和器材的选择。根据电气原理图及电动机容量大小选择电器元件，并将元件规格、型号、数量记录表3-4中。

表 3-4 电动机正反转控制电路元器件

序号	器件名称	字母符号	型号	规格	数量
1	三相异步电机	M			
2	组合开关	QS			
3	熔断器	FU			
4	接触器	KM			
5	按钮	SB			
6	热继电器	FR			
7	接线端子排	XT			

（3）绘制电路元件布置图及电路接线图。绘制三相异步电动机正反转控制电路元件布置图，如图3-38所示。按布置图绘制电路安装接线图，将电气元件的符号画在规定的位置，对照原理图的线号标出各端子的编号。

（4）配置电路板。根据元件布置图和接线图，在配电板上安装电器元件，各个元件的位置应排列整齐、均匀，间隔合理，便于更换元件。紧固时要用力均匀，紧固程度适当，防止用力过猛而损毁元器件。

（5）接线。在配电板上根据原理图和接线电路图，并按接线图编号在各元件和连接线两端做好编号标志，根据接线工艺要求，在电路板上完成导线连接。

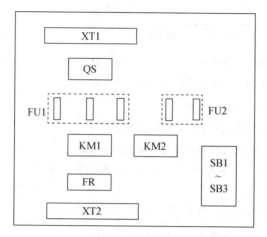

图 3-38 电器布置图

（6）线路检测与调试。检查控制线路中各元件的安装是否正确和牢靠，各接线端子是否连接牢固，线头上的线号是否与电路原理图相符合，使用万用表检测电路连接是否正确。

（7）通电试验。

①合上 QS，接通交流电源。

②按下 SB2，观察电动机转向，各触点的工作情况。再按下 SB3，观察电动机的工作状态是否改变。

③按下 SB1，观察电动机转向，各触点的工作情况。

④停车后按下 SB3，观察电动机转向，各触点的工作情况。再按下 SB2，观察电动机的工作状态是否改变。

（8）故障检修。在通电试车的电路上设置故障，通电运行，观察故障现象，分析故障原因，检查排除故障。作好记录。

4. 注意事项

（1）检修前要认真阅读电路图，熟练掌握各个控制环节的原理及作用。要求学生认真地观察教师的示范检修方法及思路。

（2）检修中的所用工具、仪表应符合使用要求，并能正确地使用，检修时要认真核对导线的线号，以免出现误判。

（3）排除故障时，必须修复故障点，但不得采用元件代换法。

（4）排除故障时，严禁扩大故障范围或发生新的故障。

（5）要求学生用电阻测量法排除故障，以确保安全。

5. 技能训练考核评分标准

技能训练考核评分标准如表 3-5 所示。

表 3-5 评分标准

项目内容	评分标准	配分	扣分	得分
装前检查	1. 电动机质量检查，每漏一处扣 3 分 2. 电器元件漏检或错检，每处扣 2 分	15		
安装元件	1. 不按布置图安装，扣 10 分 2. 元件安装不牢固，每个扣 2 分 3. 安装元件时漏装螺钉，每个扣 0.5 分 4. 元件安装不整齐、不匀称、不合理，每个扣 3 分 5. 损坏元件，扣 10 分	15		
布线	1. 不按电路图接线，扣 15 分 2. 布线不符合要求：主电路，每根扣 2 分；控制电路，每根扣 1 分 3. 接点松动、接点露铜过长、压绝缘层、反圈等，每处扣 0.5 分 4. 损伤导线绝缘或线芯，每根扣 0.5 分 5. 漏记线号不清楚、遗漏或误标，每处扣 0.5 分 6. 标记线号不清楚、遗漏或误标，每处扣 0.5 分	30		
通电试车	1. 第一次试车不成功，扣 10 分 2. 第二次试车不成功，扣 20 分 3. 第三次试车不成功，扣 30 分	40		
安全文明生产	违反安全、文明生产规程，扣 5～40 分			
定额时 90min	按每超时 5min 扣 5 分计算			
备注	除定额时间外，各项目的最高扣分不应超过配分数			
开始时间		结束时间	实际时间	

3.7.3 Y—△转换减压启动控制电路

1. 实训目的

（1）掌握 Y—△转换减压启动控制电路工作原理。

（2）学会根据电气原理图绘制元件布置图及控制电路接线图。

（3）学会 Y—△转换减压启动控制电路的安装与调试。

（4）学会使用万用表检测 Y—△转换减压启动控制电路。

2. 实训设备

（1）万用表、交流电流表、兆欧表：各 1 块。

（2）尖嘴钳、老虎钳、剥线钳、一字螺丝刀、十字螺丝刀：各 1 只。

（3）小功率电动机：1 台。

（4）Y－△转换减压启动控制电路安装盘及元器件：1 套。

3. 实训内容及步骤

（1）实训电路。Y－△转换减压启动控制电路如图 3-39 所示。

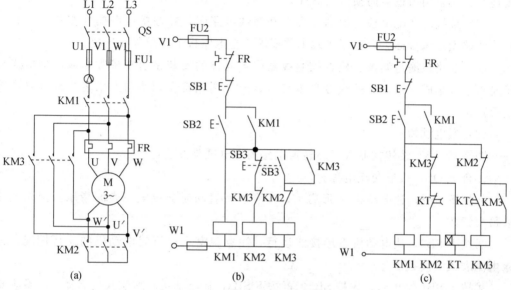

图 3-39 Y－△转换减压启动控制电路

(a) 主电路；(b) 按钮控制 Y－△转换电路；(c) 时间继电器控制 Y－△转换电路

（2）电器元件和器材的选择。根据电气原理图及电动机容量大小选择电器元件，并将元件规格、型号、数量记录表 3-6 中。特别注意选用时间继电器的类型及延时触点的动作时间，作用万用表测量其触点动作情况，并将时间继电器延时时间调整到 10s。

表 3-6 Y－△转换减压启动控制电路元器件

序号	器件名称	字母符号	型号	规格	数量
1	三相异步电机	M			
2	组合开关	QS			
3	熔断器	FU			
4	接触器	KM			
5	按钮	SB			
6	热继电器	FR			
7	时间继电器	KT			
8	接线端子排	XT			

（3）绘制电路元件布置图及电路接线图。绘制 Y－△转换减压启动控制电路元件布置图，按布置图绘制电路安装接线图，将电气元件的符号画在规定的位置，对照原理图的线号标出各端子的编号。

（4）配置电路板。根据元件布置图和接线图，在配电板上安装电器元件，各个元件的位置应排列整齐、均匀，间隔合理，便于更换元件。紧固时要用力均匀，紧固程度适当，防止用力过猛而损毁元器件。

（5）接线。在配电板上根据原理图和接线电路图，并按接线图编号在各元件和连接线两端做好编号标志，根据接线工艺要求，在电路板上完成导线连接。

（6）线路检测与调试。检查控制线路中各元件的安装是否正确和牢靠，各接线端子是否连接牢固，线头上的线号是否与电路原理图相符合，使用万用表检测电路连接是否正确。

（7）通电试验。

图 3-39（b）按钮控制 Y－△转换电路的通电试验方法：

①合上 QS，接通交流电源。

②按下 SB2，让电动机 Y 形启动，注意观察启动时交流电流表的指示，记录电流表最大读数 $I_{Y启动}$ ＝_____A。

③按下 SB3，让电动机△形接法运行，注意观察△运行时电动机的运行情况，记录电流表最大读数 $I_{△运行}$ ＝_____A。

④按下 SB1 停止后，先按 SB2，再按下 SB3，让电动机△接法直接启动，注意观察△启动时电动机的运行情况，记录电流表最大读数 $I_{△启动}$ ＝_____A。

比较 $I_{Y启动}$ 与 $I_{△启动}$ 的数值，结果说明什么问题？

图 3-39（c）时间继电器控制 Y－△转换电路的通电试验方法如下：

①合上 QS，接通交流电源。

②按下 SB2，让电动机 Y 形启动，注意观察启动时电动机的运行情况，记录电流表最大读数。

③经过一定时间后，时间继电器动作，电动机△形接法运行后，观察电动机的运行情况，记录电流表读数。注意时间继电器工作情况并做好记录。

④按下 SB1，电动机停止运转，观察有无异常。

（8）故障检修。在通电试车的电路中设置故障，通电运行，观察故障现象，分析故障原因，检查排除故障。作好记录。

4. 注意事项

（1）检修前要认真阅读电路图，熟练掌握各个控制环节的原理及作用。要求学生认真地观察教师的示范检修方法及思路。

（2）检修中的所用工具、仪表应符合使用要求，并能正确地使用，检修时要认真核对导线的线号，以免出现误判。

（3）排除故障时，必须修复故障点，但不得采用元件代换法。

（4）排除故障时，严禁扩大故障范围或发生新的故障。

（5）要求学生用电阻测量法排除故障，以确保安全。

5. 技能训练考核评分标准

技能训练考核评分标准如表 3-7 所示。

表 3-7　评分标准

项目内容	评分标准	配分	扣分	得分
装前检查	1. 电动机质量检查，每漏一处扣 3 分 2. 电器元件漏检或错检，每处扣 2 分	15		
安装元件	1. 不按布置图安装，扣 10 分 2. 元件安装不牢固，每个扣 2 分 3. 安装元件时漏装螺钉，每个扣 0.5 分 4. 元件安装不整齐、不匀称、不合理，每个扣 3 分 5. 损坏元件，扣 10 分	15		
布线	1. 不按电路图接线，扣 15 分 2. 布线不符合要求：主电路，每根扣 2 分；控制电路，每根扣 1 分 3. 接点松动、接点露铜过长、压绝缘层、反圈等，每处扣 0.5 分 4. 损伤导线绝缘或线芯，每根扣 0.5 分 5. 漏记线号不清楚、遗漏或误标，每处扣 0.5 分 6. 标记线号不清楚、遗漏或误标，每处扣 0.5 分	30		
通电试车	1. 第一次试车不成功，扣 10 分 2. 第二次试车不成功，扣 20 分 3. 第三次试车不成功，扣 30 分	40		
安全文明生产	违反安全、文明生产规程，扣 5～40 分			
定额时 90min	按每超时 5min 扣 5 分计算			
备注	除定额时间外，各项目的最高扣分不应超过配分数			
开始时间	结束时间	实际时间		

本章小结

电气制图及电路图基本知识，机电设备中常用的典型继电器接触器控制线路，包括各种电动机的启动、运行、制动和调速等基本控制线路，直流电动机的控制电路等相关知识。通过本章的学习，读者应该了解电气的图形符号和文字符号、常用电气工程图；掌握三相异步电动机按其容量大小启动方式可以分为直接启动和减压启动；掌握三相异步电动机减压启动控制电路中的定子串电阻减压启动控制电路、Y－△减压启动控制电路 JE 自耦变压器减压启动电路等相关知识；掌握三相异步电动机制动控制电路中的电磁式机械制动控制电路、反接制动控制电路和能耗制动控制电路的相关知识；掌握三相异步电动机调速控制电路中的改变磁极对数的调速、改变转差率的调速和变频调速等相关知识；掌握直流电动机的控制电路中的直流电动机的启动控制电路，直流电动机的正、反转控制电路和直流电动机的制动控制电路等相关知识。通过对电机控制方法的认识和深刻领会，以及教学实训过程中创新方法的训练，培养学生提出问题、独立分析问题、解决问题和技术创新的能力，使学生养成良好的思维习惯，掌握基本的思考与设计的方法，在未来的工作中敢于创新、善于创新。

本章习题

1. 什么是失压、欠压保护？利用哪些电器电路可以实现失压、欠压保护？

2. 分析图 3-40 中各控制电路，并按正常操作时出现的问题加以改进。

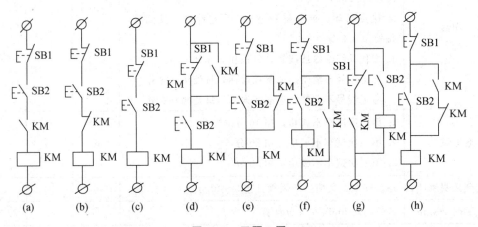

图 3-40 习题 2 图

3. 点动控制电路有何特点？试用按钮、开关、中间继电器、接触器等电器，分别设计出能实现连续运转和点动工作的电路。

4. 试设计可从两处操作的对一台电动机实现连续运转和点动工作的电路。

5. 在图 3-40（c）电动机可逆运转控制电路中，已采用了按钮的机械互锁，为什么还要采用电气互锁？当出现两种互锁触点接错，电路将出现什么现象？

6. 试设计一个送料装置的控制电路。当料斗内有料信号发出电动机拖动料斗前进，到达下料台，电动机自动停止，进行卸料。当卸料完毕发出信号，电动机反转拖动料斗退回，到达上料台电动机又自动停止、装料，周而复始地工作。同时要求在无料状态下，电动机能实现点动、正反向试车工作。

7. 一台双速电动机，按下列要求设计控制电路：①能低速或高速运行；②高速运行时，先低速启动；③能低速点动；④具备必要的保护环节。

8. 电动机在什么情况下应采用减压启动方法？定子绕组为星形接法的笼型异步电动机能否用星—三角减压启动方法？为什么？

第4章
常用机床电气控制线路及常见故障排除

本章导读

本章首先介绍典型生产机械继电接触式控制线路读图方法，并列举了实例，以车床、钻床、磨床、铣床、桥式起重机为例，进一步介绍电气控制系统的分析方法和分析步骤，典型生产机械控制线路的原理以及机械、液压与电气控制配合的意义，为电气控制系统的设计、安装、调试、维护打下基础。

本章主要学习电气控制线路的读图方法、C650 车床电气控制线路、Z37 和 Z3040 型摇臂钻床电气控制线路、M7130 平面磨床电气控制线路、X62W 万能铣床电气控制线路和 20t/5t 桥式起重机电气控制线路。

本章目标

- 了解电气控制线路的读图方法
- 掌握车床、钻床、磨床、铣床、镗床等电气控制技术
- 掌握桥式起重机电气控制线路

4.1 电气控制线路的读图方法

电气控制系统图根据功能，可以分为电气原理图、电气装配图、电气接线图和电气布置图。本节主要介绍阅读分析机床电气控制原理图的方法。阅读分析电气控制原理图，主要包括主电路、控制电路和辅助电路等几部分。在阅读分析之前，应注意以下几个问题。

(1) 对机床的主要结构、运动形式、加工工艺要求等应有一定的了解，做到了解控制对象，明确控制要求。

(2) 应了解机械操作手柄与电器元件的关系；了解机床液压系统与电气控制的关系等。

(3) 将整个控制电路按功能不同分成若干局部控制电路，逐一分析，分析时应注

意各局部电路之间的联锁关系，再统观整个电路，形成一个整体观念。

（4）抓住各机床电气控制的特点，理解电路中各电器元件、各接点的作用，掌握分析方法，养成分析习惯。

4.1.1　读图的一般方法和步骤

1. 分析主电路

从主电路入手，根据每台电动机和电磁阀等执行电器的控制要求分析它们的控制内容。分析主电路，要分清主电路中的用电设备、要搞清楚用什么电器元件控制用电设备、要了解主电路中其他电器元件的作用。

2. 分析控制电路

根据主电路中各电动机和电磁阀等执行电器的控制要求，逐一找出控制电路中的控制环节，利用前面学过的继电—接触器电气控制电路的基本知识，按功能不同划分成若干个局部控制线路进行分析。其步骤如下：

（1）从执行电器（电动机等）着手，在主电路中观察有哪些控制元件的触点，根据其组合规律查看控制方式。

（2）在控制电路中由主电路控制元件的主触点的文字符号找到有关的控制环节及环节间的联系。

（3）从按动启动按钮开始，查对线路，观察元件的触点符号是如何控制其他控制元件动作的，再查看这些被带动的控制元件的触点是如何控制执行电器或其他元件动作的，并随时注意控制元件的触点使执行电器有何运动或动作，进而驱动被控机械有何运动。

在分析过程中，要一边分析一边记录，最终得出执行电器及被控机械的运动规律。

3. 分析辅助电路

辅助电路包括电源显示、工作状态显示、照明和故障报警等部分，它们大多由控制电路中的元件来控制，所以在分析时，要对照控制电路进行分析。

4. 分析联锁与保护环节

生产机械对于安全性和可靠性有很高的要求，要达到这些要求，除了合理地选择拖动和控制方案以外，还在控制线路中设置了一系列电气保护和必要的电气联锁。

5. 总体检查

经过"化整为零"，逐步分析每一个局部电路的工作原理以及各部分之间的控制关系后，还必须用"集零为整"的方法，检查整个控制线路，看是否有遗漏。特别要从整体角度去进一步检查各控制环节之间的联系，理解电路中每个元件所起的作用。

4.1.2 读图实例

下面结合 C620—1 型卧式车床电气控制线路分析实例，介绍生产机械电气控制线路的分析方法，如图 4-1 所示。

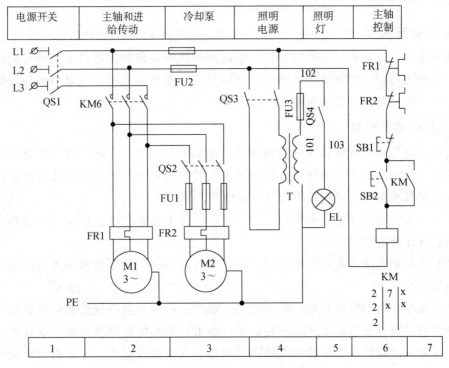

图 4-1　C620－1 型车床电气控制线路

车床是一种应用极为广泛的金属切削机床，能够车削外圆、内圆、端面、螺纹、切断及割槽等，并可以装上钻头或铰刀进行钻孔等加工。

1. 主要结构、运动形式、电力拖动形式及控制要求

C620—1 型卧式车床主要由床身、主轴变速箱、进给箱、溜板箱、溜板、丝杠和刀架等几部分组成。

车削加工的主运动是主轴通过卡盘或顶尖带动工作的旋转运动，并且由主轴电动机通过带传动传到主轴变速箱再旋转的，机床的其他进给运动是由主轴传动的。

C620—1 型车床共有两台电动机，一台是主轴电动机，带动主轴旋转，采用普通笼型感应电动机，功率为 7kW，配合齿轮变速箱实行机械调速，以满足车削负载的特点，该电动机属长期工作制运行；另一台是冷却泵电动机，为车削工件时输送冷却液，也采用笼型感应电动机，功率为 0.125kW，属长期工作制运行。机床要求两台电动机单向运动，并且采用全压直接启动。

C620—1 型卧式车床电气控制线路是由主电路、控制电路、照明电路等部分组成，如图 4-1 所示。由于向车床供电的电源开关要装熔断器，而电动机 M1 的电流要比电动机 M2 及控制电路的电流大得多，所以电动机 M1 没有再装熔断器。

2. 主电路分析

从主电路看，C620—1 型卧式车床电动机电源采用 380V 的交流电源，由组合开关 QS1 引入。主轴电动机 M1 的启停由 KM 的主触头控制，主轴通过摩擦离合器实现正反转。主轴电动机启动后，才能启动冷却泵电动机 M2，是否需要冷却，由组合开关 QS2 控制。熔断器 FU1 为电动机 M2 提供短路保护，热继电器 FR1、FR2 为电动机 M1 和 M2 提供过载保护，它们的常闭触点串接后接在控制电路中。

3. 控制电路分析

该车床的控制电路是一个典型的自锁正转控制电路。

主轴电动机的控制过程为：合上电源开关 QS1，按下启动按钮 SB2，接触器 KM 线圈通电使铁心吸合，电动机 M1 由 KM 的三个主触点吸合而通电启动运转，同时 KM 的自锁常开触头闭合自锁。按下停车按钮 SB1，接触器 KM 断电释放，主电路中 KM 的三个主触点断开，M1 停转。

冷却泵电动机的控制过程为：当主轴电动机 M1 启动后（KM 主触头闭合），合上 QS2，电动机 M2 得电启动；若要关掉冷却泵，断开 QS2 即可；当 M1 停转后，M2 也停转。

只要电动机 M1 和 M2 中任何一台过载，其相对应的热继电器的常闭触点断开，从而使控制电路失电，接触器 KM 断电释放，所有电动机停转。FU2 为控制电路的短路保护。另外，控制电路还具有失压和欠压保护，同时由接触器 KM 来完成，因为当电源电压低于接触器 KM 线圈额定电压的 85% 时，KM 会自动释放，从而保护两台电动机。

4. 辅助电路分析

C620—1 型卧式车床的辅助电路主要是照明电路。照明由变压器 T 将交流 380V 转变为 36V 的安全电压供电，FU3 为短路保护。QS4 为照明电路的电源开关，合上 QS4，照明灯 EL 亮。照明电路必须接地，以确保人身安全。

4.1.3　识读机床电气控制线路图的基本知识

从 C620—1 型卧式车床电气控制线路分析的实例中可知，识读分析机床电气控制线路，除第二章第一节介绍的一般原则之外，还应明确注意以下几个问题。

（1）电气控制线路图按功能分成若干单元，并用文字将其功能标注在电路图上部的栏内，如图 4-1 所示电路按功能分为电源开关、主轴和进给传动、冷却泵、照明电源、照明灯、主轴控制 6 个单元。

（2）在电气控制线路图的下方划分若干图区，并从左到右依次用阿拉伯数字编号标注在图区栏内。通常是一条回路或一条支路划分为一个图区，如图 4-1 所示电路图共划分为 7 个图区。

（3）电气控制线路图中，在每个接触器下方画出两条竖直线，分成左、中、右三栏，每个继电器线圈下方画出一条竖直线，分成左、右两栏。把受其线圈控制而动作的触头所处的图区号填入相应的栏内，对备用的触头，在相应的栏内用记号"×"标出或不标出任何符号。如表 3-1 和表 3-2。

表 3-1　接触器触头在电路图中位置的标记

栏目	左栏	中栏	右栏
触头类型	主触头所处的图区号	辅助常开触头所处的图区号	辅助常闭触头所处的图区号
KM 2 | 7 | X 2 | X | X 2	表示 3 对主触头均在图区 2	表示一对辅助常开触头在图区 7，另一对辅助常开触头未用	表示两对辅助常闭触头未用

表 3-2　继电器触头在电路图中位置的标记

栏目	左栏	右栏
触头类型	常开触头所处的图区号	常闭触头所处的图区号
KA 2 | 2 | 2	表示 3 对常开触头均在图区 2	表示常闭触头未用

（4）电气控制线路中触头文字符号下面用数字表示该电器线圈所处的图区号。图 4-1 所示电路中，在图区 2 中KM_6表示接触器 KM 的线圈在图区 6 中。

4.2　车床的电气控制

在各种金属切削机床中，车床占的比重最大，应用也最广泛。车床的种类很多，有卧式车床、落地车床、立式车床、转塔车床等，生产中以普通车床应用最普遍，数量最多。本节以 C650 普通卧式车床为例进行电气控制线路分析。

4.2.1　C650 卧式的主要结构及运动形式

C650 卧式车床属于中型车床，可加工的最大工件回转直径为 1020mm，最大工件长度为 3000mm，机床的结构形式如图 4-2 所示，由主轴变速箱、挂轮箱、进给箱、溜板箱、尾座、滑板与刀架、光杠与丝杠等部件组成。

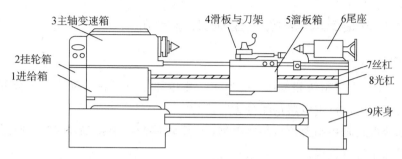

图 4-2　C650 卧式机床的结构

车床有 3 种运动形式：主轴通过卡盘或顶尖带动工件的旋转运动，称为主运动；刀具与滑板一起随溜板箱实现进给运动，称为进给运动；其他运动称为辅助运动。

主轴的旋动运动由主轴电动机拖动，经传动机构实现。车削加工时，要求车床主轴能在较大范围内变速。通常根据被加工零件的材料性能、车刀材料、零件尺寸精度要求、加工方式及冷却条件等来选择切削速度，采用机械变速方法。对于卧式车床，调速比一般应大于 70。为满足加工螺纹的需求，主轴有正反转。由于加工的工件比较大，其转动惯量也较大，停车时采取电气制动。

车床纵、横两个方向的进给运动是由主轴箱的输出轴，经挂轮箱、进给箱、光杠传入溜板箱而获得，其运行形式有手动和自动控制两种。

车床的辅助运动为溜板箱的快速移动、尾座的移动和工件的夹紧与放松。

4.2.2　电力拖动要求与控制特点

电力拖动要求与控制特点如下。

（1）车削加工近似于恒功率负载，主轴电动机 M1 选用鼠笼型异步电动机，完成主轴主运动和刀具进给运动的驱动。电动机采用直接启动的方式启动，可正反两个方向旋转，并可实现正反两个旋转方向的电气制动。为加工调整方便，还具有点动功能。

（2）车削螺纹时，刀架移动与主轴旋转运动之间必须保持准确的比例关系，因此，车床主轴运动和进给运动只由一台电动机拖动，刀架移动由主轴箱通过机械传动链来实现。

（3）为了提高生产效率、减轻工人劳动强度，拖板的快速移动电动机 M3 单独拖动，根据使用需要，可随时手动控制启停。

（4）车削加工中，为防止刀具和工件的温度过高，延长刀具使用寿命，提高加工质量，车床附有一台单方向旋转的冷却泵电动机 M2，与主轴电动机实现顺序启停，也可单独操作。

（5）必要的保护环节、联锁环节、照明和信号电路。

4.2.3 C650 卧式车床电气控制线路分析

1. 主电路分析

C650 卧式车床控制线路如图 4-3 所示。主电路中有三台电动机，隔离开关 QS 将三相电源引入，电动机主电路接线分为 3 部分。

第一部分由正转控制交流接触器 KM1 和反转控制交流接触器 KM2 的两组主触点构成电动机的正反转接线。

第二部分为电流表 A 经电流互感器 TA 接在主电动机 M1 的动力回路中，以监视电动机工作时绕组的电流变化。为防止电流表被启动电流冲击损坏，利用一时间继电器 KT 的延时常闭触点，在启动的短时间内将电流表暂时短接。

第三部分线路通过交流接触器 KM3 的主触点控制限流电阻 R 的接入和排除。在进行点动调整时，为防止连续的启动电流造成电动机过载，串入限流电阻 R，以保证电路设备正常工作。

在电动机反接制动时，通常串入电阻 R 限流。速度继电器 KS 与电动机同轴连接。在停车制动过程中，当主电动机转速为零时，其常开触点可将控制电路中反接制动相应电路切断，完成停车制动。

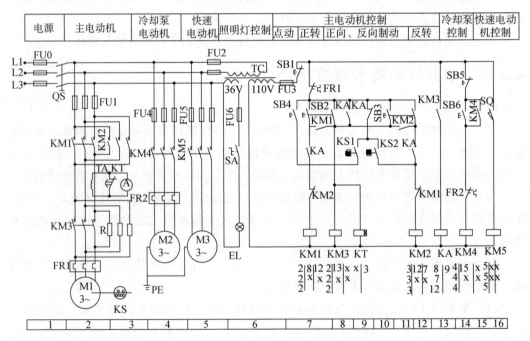

图 4-3 C650 卧式车床电气控制原理图

电动机 M2 由交流接触器 KM4 的主触点控制其动力电路的接通与断开；电动机 M3 由交流接触器 KM5 控制。

为了保证主电路的正常运行，主电路中还设置了采用熔断器的短路保护环节和采用热继电器的电动机过载保护环节。

2. 控制电路分析

（1）主电动机 M1 的控制电路

①M1 正向启动控制。按下正向启动按钮 SB2→KM3、KT 线圈得电→KM3 主触头将主电路中限流电阻 R 短接，同时辅助常开触头闭合→KA 线圈得电，常闭触点断开切除停车制动电路；常开触点闭合→KM1 线圈得电→KM1 主触头闭合，常开触头闭合自锁→电动机正向直接启动→转速高于 120r/min 后，速度继电器常开触头 KS2 闭合。

KT 线圈得电后，常闭触头延时断开，电流表接入电路正常工作。

②M1 正向反接制动。按下停车按钮 SB1→KM1、KM3、KA 线圈失电，触头复位，电动机 M1 惯性继续运转→松开停车按钮 SB1→KM2 线圈得电→KM2 主触头闭合，电动机 M1 串入限流电阻 R 反接制动，强迫电动机迅速停车→转速低于 100r/min 时，KS2 断开→KM2 线圈失电→触头复位→电动机失电，反接制动过程结束。

③M1 正向点动控制。按下 SB4→KM1 线圈得电→主触头闭合→电动机 M1 串入限流电阻 R 正向点动→松开 SB4→KM1 线圈失电→主触头复位→电动机 M1 停转。

④M1 反向控制。M1 反向启动控制由 SB3 控制，反向反接制动由 SB1 控制。工作过程自行分析。

（2）刀架的快速移动和冷却泵电动机的控制

刀架快速移动是由转动刀架手柄压动位置开关 SQ，接通控制快速移动电动机 M3 的接触器 KM5 的线圈电路，KM5 的主触头闭合，M3 启动，经传动系统驱动溜板箱带动刀架快速移动。刀架快速移动电动机 M3 是短时间工作，故未设置过载保护。

冷却泵电动机 M2 由启动按钮 SB6、停止按钮 SB5 控制接触器 KM4 线圈电路的通断，以实现电动机 M2 的控制。

3. 照明电路分析

控制变压器 TC 的二次侧输出 36V、110V 电压，分别作为车床低压照明和控制电路电源。EL 为车床的低压照明灯，由开关 SA 控制，FU6 作短路保护。

4.2.4　C650 车床常见电气故障

C650 车床常见电气故障主要有以下几个。

（1）主轴电动机不能启动。可能的原因：电源没有接通；热继电器已动作，其常闭触点尚未复位；启动按钮或停止按钮内的触点接触不良；交流接触器的线圈烧毁或接线脱落等。

（2）按下启动按钮后，电动机发出嗡嗡声，不能启动。这是电动机的三相电流缺相造成的。可能的原因：熔断器某一相熔丝烧断；接触器一对主触点没接触好；电动机接线某一处断线等。

（3）按下停止按钮，主轴电动机不能停止。可能的原因：接触器触点熔焊、主触点被杂物卡阻；停止按钮常闭触点被卡阻。

（4）主轴电动机不能点动。可能的原因：点动按钮 SB4 其常开触点损坏或接线脱落。

（5）不能检测主轴电动机负载。可能的原因：电流表损坏、时间继电器设定时间太短或损坏、电流互感器损坏。

4.3 钻床的电气控制

机械加工过程中经常需要加工各种各样的孔，钻床就是一种用途广泛的孔加工机床，它主要用于钻削精度要求不太高的孔，还可以用来扩孔、铰孔、镗孔以及攻螺纹等。钻床的种类很多，有台钻、立钻、卧钻、专门化钻床和摇臂钻床等。台钻和立钻的电气线路比较简单，其他形式的钻床在控制系统上也大同小异，本节以 Z37 和 Z3040 为例分析它的电气控制线路。

4.3.1 Z37 摇臂钻床电气控制线路

Z37 摇臂钻床的型号意义如下：

1. 主要结构及运动形式

Z37 摇臂钻床主要由底座、内立柱、外立柱、摇臂、主轴箱、工作台等部分组成，如图 4-4 所示。内立柱固定在底座上，在它的外面套着空心的外立柱，外立柱可绕着内立柱回转 360°。摇臂一端的套筒部分与外立柱滑动配合，借助丝杠的正反转可使摇臂沿外立柱作上下移动，但两者不能作相对运动，因此摇臂只能与外立柱一起绕内立柱回转。主轴箱是一个复合部件，它包括主轴及主轴旋转和进给运动的全部传动变速和操作机构。主轴箱安装于摇臂的水平导轨上，可以通过手轮操作使其在水平导轨上沿摇臂移动。

钻削加工时，主轴箱可由夹紧装置将其固定在摇臂的水平导轨上，外立柱紧固在内立柱上，摇臂紧固在外立柱上，进行钻削加工。

摇臂钻床的主运动是主轴带动钻头的旋转运动；进给运动是钻头的上下运动；辅助运动是主轴箱沿摇臂水平移动、摇臂沿外立柱上下移动及摇臂连同外立柱一起相对于内立柱的回转运动。

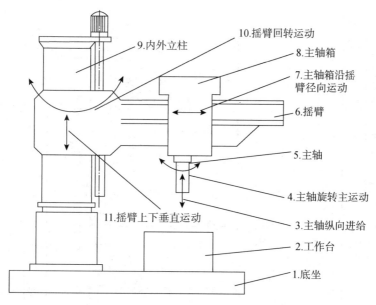

图 4-4　摇臂钻床结构及运动示意图

2. 电力拖动要求与控制特点

电力拖动要求与控制特点有如下几个。

（1）Z37 摇臂钻床相对运动部件较多，为简化传动装置，采用多台电动机拖动。

冷却泵电机 M1 供给冷却液，正转控制。主轴电动机 M2 拖动钻削及进给运动，单向运转，主轴正反转通过摩擦离合器实现。摇臂升降电动机 M3 拖动摇臂升降，正反转控制，具有机械和电气联锁。立柱松紧电动机 M4 拖动内、外立柱及主轴箱与摇臂夹紧与放松，正反转控制，通过液压装置和电气联合控制。

（2）各种工作状态都通过十字开关 SA 操作，为防止十字开关手柄停在某一工作位置时，因接通电源而产生误动作，本控制线路设有零压保护环节。

（3）摇臂升降要求有限位保护。

（4）钻削加工时需要对刀具及工件进行冷却。

3. 电气控制线路分析

（1）主电路分析

Z37 摇臂钻床控制线路如图 4-5 所示。主电路共有四台三相异步电动机。冷却泵电动机 M1 由组合开关 QS2 控制，由熔断器 FU1 进行短路保护。主轴电动机 M2 由接触器 KM1 控制，由热继电器 FR 进行过载保护。摇臂升降电动机 M3 由接触器 KM2、KM3 控制，用熔断器 FU2 进行短路保护。立柱松紧电动机 M4 由接触器 KM4、KM5 控制，由熔断器 FU3 进行短路保护。

机电设备调试与维护

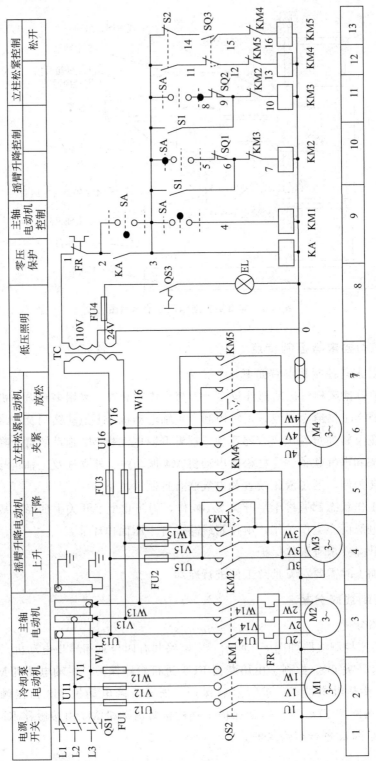

图4-5 Z37摇臂钻床电气控制线路图

（2）控制电路分析

控制电路的电源由控制变压器 TC 提供 110V 电压。Z37 摇臂钻床控制电路采用十字开关 SA 操作，它由十字手柄和 4 个微动开关组成，手柄处在各个工作位置时的工作情况见表 4-3。电路中还设有零压保护环节，由十字开关 SA 和中间继电器 KA 实现。

表 4-3　十字开关 SA 操作说明

手柄位置	接通微动开关的触头	工作情况
中	均不通	控制电路断电不工作
左	SA（2-3）	KA 得电自锁，零压保护
右	SA（3-4）	KM1 获电，主轴旋转
上	SA（3-5）	KM2 获电，摇臂上升
下	SA（3-8）	KM3 获电，摇臂下降

①主轴电动机 M2 的控制。主轴电动机 M2 的启停由接触器 KM1 和十字开关 SA4 控制。

将十字开关扳到左边位置→SA（2-3）触点闭合→中间继电器 KA 得电，并自锁将十字开关扳到右边位置→SA（2-3）分断、SA（3-4）闭合→KM1 线圈得电主轴电动机 M2 启动运行→十字开关扳到中间位置→SA 触头均不通→KM1 线圈断电释放→主轴电动机 M2 停转。

②摇臂升降电动机 M3 的控制。摇臂的放松、升降、夹紧是通过十字开关 SA、接触器 KM2、KM3、行程开关 SQ1 和 SQ2 用鼓形组合开关 S1 控制电动机 M3 正反转来实现的。行程开关 SQ1 和 SQ2 用作限位保护，保护摇臂上升或下降不会超出允许的极限位置。

将十字开关扳到上位置→SA（3-5）触点闭合→KM2 线圈得电→电动机 M3 启动正转→通过传动装置放松摇臂→当摇臂完全放松时，推动组合开关 S1 动作，常开触头闭合，为摇臂的夹紧做好准备→摇臂上升到所需位置后，十字开关扳到中间位置→KM2 断电释放，电动机停转→KM3 线圈得电→电动机 M3 反转，带动机械夹紧机构将摇臂夹紧→摇臂夹紧时，组合开关 S1 复位→KM3 断电释放，电动机 M3 停转，上升结束。

③立柱的夹紧与松开控制。Z37 摇臂钻床在正常工作时，外立柱夹紧在内立柱上。要使摇臂和外立柱绕内立柱转动，应首先将外立柱放松。立柱的松开和夹紧是靠电动机 M4 的正反转拖动液压装置来完成的。电动机 M4 的正反转由组合开关 S2、行程开关 SQ3、接触器 KM4、KM5 来控制，行程开关 SQ3 则是由主轴箱与摇臂夹紧的机械手柄操作的。

扳动手柄使 SQ3 的常开触头（14-15）闭合→KM5 线圈得电→M4 拖动液压泵工作，立柱夹紧装置放松→立柱夹紧装置完全放松时，S2 动作，（3-14）触点断开，（3

—11）触点闭合→KM5 断电释放→M4 失电停转，可推动摇臂旋转→板动手柄使 SQ3 复位，常开触点（14—15）断开，常闭触点（11—12）闭合→KM4 线圈得电→M4 拖动液压泵反向转动，使立柱夹紧装置夹紧→立柱夹紧装置完全夹紧时→S2 复位，KM4 断电释放 M4 停转。

Z37 摇臂钻床主轴箱在摇臂上的松开和夹紧和立柱的松开和夹紧是由同一台电动机 M4 拖动液压装置完成的。

（3）照明电路分析

照明电路的电源也是由变压器 TC 将 380V 的交流电压降为 24V 安全电压后提供。照明灯 EL 由开关 QS3 控制，由熔断器 FU4 作短路保护。

4. 常见电气故障

常见电气故障主要有以下几个。

（1）摇臂上升（下降）夹紧后，M3 仍正反转重复不停。可能原因：鼓形组合开关 S1 两对常开触头的动、静触头间距离太近，使它们不能及时分断所引起的。

（2）摇臂上升（下降）后不能完全夹紧。可能原因：鼓形组合开关 S1 动触头的夹紧螺栓松动造成动触头位置偏移，不能按要求闭合；S1 动、静触头弯曲、磨损、接触不良等。

（3）摇臂升降后不能按要求停车。可能原因：鼓形组合开关 S1 的常开触头（3—6）和（3—9）的顺序颠倒。

4.3.2　Z3040 摇臂钻床电气控制线路

Z3040 摇臂钻床的型号意义如下：

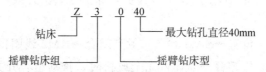

1. Z3040 摇臂钻床的主要结构及运行

Z3040 摇臂钻床是一种立式钻床，它具有性能完善、适用范围广、操作灵活及工作可靠等优点，适合加工单件和批量生产中带有多孔的大型零件。

Z3040 摇臂钻床主要由底座、内立柱、外立柱、摇臂、主轴箱、工作台等部分组成，如图 3-4 所示。内立柱固定在底座上，在它的外面套着空心的外立柱，外立柱可绕着内立柱回转 360°。摇臂一端的套筒部分与外立柱滑动配合，借助丝杠的正反转可使摇臂沿外立柱作上下移动，但两者不能作相对运动，因此摇臂只能与外立柱一起绕内立柱回转。主轴箱是一个复合部件，它包括主轴及主轴旋转和进给运动的全部传动变速和操作机构。主轴箱安装于摇臂的水平导轨上，可以通过手轮操作使其在水平导轨上沿摇臂移动。

钻削加工时，主轴箱可由夹紧装置将其固定在摇臂的水平导轨上，外立柱紧固在内立柱上，摇臂紧固在外立柱上，进行钻削加工。

钻削加工时，主轴旋转为主运动，而主轴的直线移动为进给运动。即钻孔时钻头一面作旋转运动，同时作纵向进给运动。主轴变速和进给变速的机构都在主轴箱内，用变速机构分别调节主轴转速和上、下进给量。摇臂钻床的主轴旋转运动和进给运动由一台交流异步电动机 M1 拖动。

摇臂钻床的辅助运动有：摇臂沿外立柱的上升、下降，立柱的夹紧和松开以及摇臂与外立柱一起绕内立柱的回转运动。摇臂的上升、下降由一台交流异步电动机 M2 拖动，立柱的夹紧和松开，摇臂的夹紧和松开以及主轴箱的夹紧和松开由另一台交流电动机 M3 拖动一台液压泵，供给夹紧装置所需要的压力油推动夹紧机构液压系统实现。摇臂的回转和主轴箱摇臂水平导轨方向的左右移动通常采用手动。此外，还有一台冷却泵电动机 M4 对加工的刀具进行冷却。

2. 电力拖动的特点和控制要求

电力拖动的特点和控制要求如下。

（1）摇臂钻床运动部件较多，为简化传动装置，采用多台电动机拖动，通常设有主轴电动机、摇臂升降电动机、立柱夹紧和放松电动机及冷却泵电动机。

（2）主轴的旋转运动、纵向进给运动及其变速机构均在主轴箱内，由一台主电动机拖动。

（3）为了适应多种加工方式的要求，主轴的旋转与进给运动均有较大的调速范围，由机械变速机构实现。

（4）加工螺纹时，要求主轴能正、反向旋转，采用机械方法来实现。因此，主电动机只需单方向旋转，可直接启动，不需要制动。

（5）摇臂的升降由升降电动机拖动，要求电动机能正、反向旋转，采用笼型异步电动机。可直接启动，不需要调速和制动。

（6）内外立柱、主轴箱与摇臂的夹紧与松开，是通过控制电动机的正、反转，带动液压泵送出不同流向的压力油，推动活塞，带动菱形块动作来实现。因此拖动液压泵的电动机要求正、反向旋转，采用点动控制。

（7）摇臂钻床主轴箱、立柱的夹紧与松开由一条油路控制，并且同时动作。而摇臂的夹紧与松开是与摇臂升降工作连成一体，由另一条油路控制。两条油路哪一条处于工作状态，是根据工作要求通过控制电磁阀操纵的。

（8）根据加工需要，操作者可以手控操作冷却泵电动机单向旋转。

（9）必要的联锁和保护环节。

（10）机床安全照明及信号指示电路。

3. Z3040 摇臂钻床电气控制线路分析

Z3040 摇臂钻床主要有两种主要运动和其他辅助运动，主运动是指主轴带动钻头的旋转运动；进给运动是指钻头的垂直运动；辅助运动是指主轴箱沿摇臂水平移动，摇臂沿外立柱上下移动以及摇臂和外立柱一起相对于内立柱的回转运动。

Z3040摇臂钻床具有两套液压控制系统：一套是由主轴电动机拖动齿轮泵送出压力油，通过操纵机构实现主轴正反转、停车制动、空档、预选与变速；另一套是由液压泵电动机拖动液压泵送出压力油来实现摇臂的夹紧与松开、主轴箱的夹紧与松开、立柱的夹紧与松开。前者安装在主轴箱内，后者安装于摇臂电器盒下部。

（1）操纵机构液压系统

该系统压力油由主轴电动机拖动齿轮泵送出，由主轴操作手柄来改变两个操纵阀的相互位置，获得不同的动作。操作手柄有五个空间位置：上、下、里、外和中间位置。其中上为"空档"，下为"变速"，外为"正转"，里为"反转"，中间位置为"停车"。主轴转速及主轴进给量各由一个旋钮预选，再操作主轴手柄。

主轴旋转时，首先按下主轴电动机启动按钮，主轴电动机启动旋转，拖动齿轮泵，送出压力油。操纵主轴手柄，扳至所需转向位置（里或外），于是两个操纵阀相互位置改变，使一股压力油将制动摩擦离合器松开，为主轴旋转创造条件；另一股压力油压紧正转（反转）摩擦离合器，接通主轴电动机到主轴的传动链，驱动主轴正转或反转。

在主轴正转或反转的过程中，可转动变速旋钮，改变主轴转速或主轴进给量。

主轴停车时，将操作手柄扳回中间位置，这时主轴电动机仍拖动齿轮泵旋转，但此时整个液压系统为低压油，无法松开制动摩擦离合器，而在制动弹簧作用下将制动摩擦离合器压紧，使制动轴上的齿轮不能转动，实现主轴停车。主轴停车时主轴发动机仍在旋转，只是不能将动力传到主轴。

主轴变速与进给变速：将主轴操作手柄扳至"变速"位置，改变两个操纵阀的相互位置，使齿轮泵送出的压力油进入主轴转速预选阀和主轴进给量预选阀，再进入各变速油缸。与此同时，另一油路系统推动拨叉缓慢移动，逐渐压紧主轴正转摩擦离合器，接通主轴电动机到主轴的传动链，带动主轴缓慢旋转，称为缓速，以利于齿轮的顺利啮合。当变速完成，松开操作手柄，此时手柄在弹簧作用下由"变速"位置自动复位到主轴"停车"位置，再操纵主轴正转或反转，主轴将在新的转速或进给量下工作。

（2）夹紧机构液压系统

主轴箱、内外立柱和摇臂的夹紧和松开是由液压泵电动机拖动液压泵送出压力油，推动活塞，菱形块来实现的。其中由一条油路控制主轴箱和立柱的夹紧，另一油路控制摇臂的夹紧和松开，这两条油路均由电磁阀控制。

Z3040摇臂钻床电气控制线路如图4-6所示。该机床共有四台电动机：主电动机M1，摇臂升降电动机M2，液压泵电动机M3和冷却泵电动机M4。

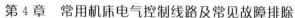

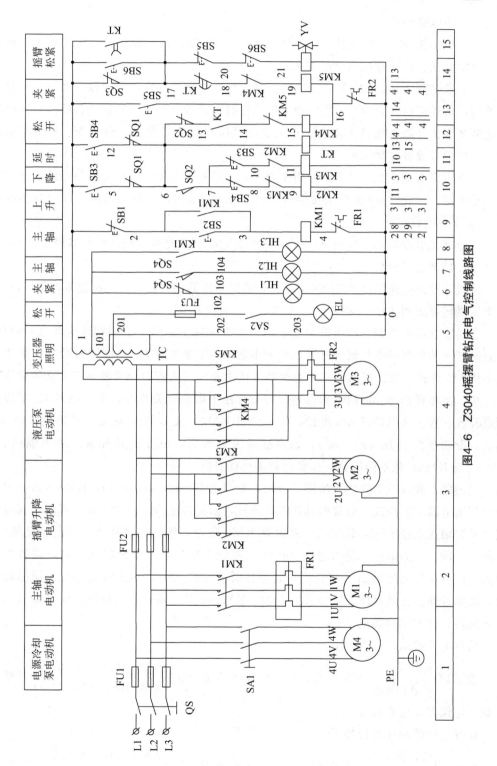

图4-6　Z3040摇臂钻床电气控制线路图

（3）主电路分析

①主电动机 M1 单向旋转，它由接触器 KM1 控制，而主轴的正反转依靠机床液压系统并配合正、反转摩擦离合器来实现。

②摇臂升降电动机 M2 具有正反转控制，控制电路保证在操纵摇臂升降时先通过液压系统，将摇臂松开后 M2 才能启动，带动摇臂上升或下降，当移动达到所需位置时控制电路又保证升降电动机先停止，自动液压系统再将摇臂夹紧。由于 M2 是短时运转的，所以没有设置过载保护。

③液压泵电动机 M3 送出压力油作为摇臂的松开与夹紧、立柱和主轴箱的松开与夹紧的动力源。因此，M3 采用由接触器 KM4、KM5 来实现正反转控制，并设有热继电器 FR2 作为过载保护。

④冷却泵电动机 M4 容量小，所以用组合开关 SA1 直接控制其运行和停止。

（4）控制电路分析

该机床控制电路同样采用 380V/127V 隔离变压器供电，但其二次绕组增设 36V 安全电压供局部照明使用。

①摇臂升降的控制。按上升（或下降）按钮 SB3（或 SB4），时间继电器 KT 吸合，其延时断开的常开触点与瞬时常开触点使电磁铁 YV 和接触器 KM4 同时吸合，液压泵电动机 M3 旋转，供给压力油。压力油经二位六通阀进入摇臂松开的油腔，推动活塞和菱形块，使摇臂松开。同时活塞杆通过弹簧片压下限位开关 SQ2，使接触器 KM4 线圈断电释放，液压泵电动机 M3 停转，与此同时 KM2（或 KM3）吸合，升降电动机 M2 旋转，带动摇臂上升（或下降）。如果摇臂没有松开，SQ2 的常开触点也不能闭合，KM2（或 KM3）就不能吸合，摇臂也就不可能升降。

当摇臂上升（或下降）到所需位置时，松开按钮 SB3（或 SB4），KM2（或 KM3）和时间继电器 KT 释放，升降电动机 M2 停转，摇臂停止升降。由于 KT 释放，其延时闭合的常闭触点经 1～3s 延时后，接触器 KM5 吸合，液压电动机 M3 反向启动旋转，供给压力油。压力油经二位六通阀（此时电磁铁 YV 仍处于吸合状态）进入摇臂夹紧油腔，向相反方向推动活塞和菱形块，使摇臂夹紧。同时，活塞和菱形块，使摇臂夹紧，活塞杆通过弹簧片压下限位开关 SQ3，KM5 和 YV 同时断电释放，液压泵电动机停止旋转，夹紧动作结束。

摇臂上升的动作过程如下：

按 SB3 $\left\{\begin{array}{l}\text{KT 吸合}\\\text{KM4 吸合}\end{array}\right\}$ M3 正转、YV 吸合 → 压下 SQ2 $\left\{\begin{array}{l}\text{KM2 吸合} \to \text{M2 正转}\\\text{KM4 断电} \to \text{M3 停止}\end{array}\right\}$ 摇臂上升到预定位置，松开 SB3。

摇臂下降的动作过程如下：

按 SB4 $\left\{\begin{array}{l}\text{KT 吸合}\\\text{KM4 吸合}\end{array}\right\}$ M3 正转、YV 吸合 → 压下 SQ2 $\left\{\begin{array}{l}\text{KM3 吸合} \to \text{M3 反转}\\\text{KM4 断电} \to \text{M3 停止}\end{array}\right\}$ 摇臂下降到预定位置，松开 SB4。

这里还应注意，在摇臂松开后，限位开关 SQ3 复位，其触点（1—17）闭合，而在摇臂夹紧后，SQ3 被压合。时间继电器 KT 的作用是：控制接触器 KM5 在升降电动机 M2 断电后的吸合时间，从而保证在升降电动机停转后再夹紧摇臂的动作顺序。时间继电器 KT 的延时，可根据需要整定在 1～3s。

摇臂升降的限位保护，由组合开关 SQ1 来实现。当摇臂上升到极限位置时，SQ1 动作，将电路断开，则 KM2 断电释放，升降电动机 M2 停止旋转。但 SQ1 的另一组触点仍处于闭合状态，保证摇臂能够下降。同理，当摇臂下降到极限位置时，SQ1 动作，电路断开，KM3 释放，M2 停转。而 SQ1 的另一动断触点仍闭合，以保证摇臂能够上升。

摇臂的自动夹紧是由行程开关 SQ3 来控制的。如果液压夹紧系统出现故障而不能自动夹紧摇臂，或者由于 SQ3 调整不当，在摇臂夹紧后不能使 SQ3 的动断触点断开，都会使液压泵电动机处于长期过载运行状态，这是不允许的。为了防止损坏液压泵电动机，电路中使用了热继电器 FR2。

摇臂夹紧动作过程：摇臂升（或降）到预定位置，松开 SB3（或 SB4）→KT 断电延时→KM5 吸合、M3 反转、YV 吸合→摇臂夹紧→SQ3 受压断开→KM5、M3、YV 均断电释放。

②立柱和主轴箱的松开与夹紧控制：立柱和主轴箱的松开与夹紧是同时进行的。首先按下按钮 SB5（或夹紧按钮 SB6），接触器 KM4（或 KM5）吸合，液压电动机 M3 旋转，供给压力油，压力油经二位六通阀（此时电磁铁 YV 处于释放状态）进入立柱松开及夹紧液压缸和主轴箱松开及夹紧液压缸，推动活塞和菱形块，使立柱和主轴箱分别松开（或夹紧）。同时松开（或夹紧）指示灯（HL1、HL2）显示。

③冷却泵电动机 M4 的控制。由开关 SA1 进行单向旋转的控制。

④联锁、保护环节。行程开关 SQ2 实现摇臂松开到位与开始升降的联锁；行程开关 SQ3 实现摇臂完全夹紧与液压泵电动机 M3 停止旋转的联锁。时间继电器 KT 实现摇臂升降电动机 M2 断开电源待惯性旋转停止后再进行摇臂夹紧的联锁。摇臂升降电动机 M2 正反转具有双重联锁。SB5 与 SB6 常闭触点接入电磁阀 YV 线圈电路实现在进行主轴箱与立柱夹紧、松开操作时，压力油不能进入摇臂夹紧油腔的联锁。

熔断器 FU1 作为总电路和电动机 M1、M4 的短路保护。熔断器 FU2 为电动机 M2、M3 及控制变压器 TC 一次侧的短路保护。熔断器 FU3 为照明电路的短路保护。热继电器 FR1、FR2 为电动机 M1、M3 的长期过载保护。组合开关 SQ1 为摇臂上升、下降的极限位置保护。带自锁触点的启动按钮与相应接触器实现电动机的欠电压、失电压保护。

（5）照明与信号指示电路分析

HL1 为主轴箱、立柱松开指示灯，灯亮表示已松开，可以手动操作主轴箱沿摇臂水平移动或摇臂回转。HL2 为主轴箱、立柱夹紧指示灯，灯亮表示已夹紧，可以进行钻削加工。HL3 为主轴旋转工作指示灯。照明灯 EL 由控制变压器 TC 供给 36V 安全电压，经开关 SA2 操作实现钻床局部照明。

4. Z3040 钻床常见故障

Z3040 钻床常见故障主要有以下几个。

（1）主轴电动机不能启动。可能的原因：电源没有接通；热继电器已动作，但常闭触点仍未复位；启动按钮或停止按钮内的触点接触不良；交流接触器的线圈烧毁或接线脱落等。

（2）主轴电动机刚启动运转，熔断器就熔断。按下主轴启动按钮 SB2，主轴电动机刚旋转，就发生熔断器熔断故障。可能原因：机械机构发生卡住现象，或者是钻头被铁屑卡住，进给量太大，造成电动机堵转；负荷太大，主轴电动机电流剧增，热继电器来不及动作，使熔断器熔断；也可能因为电动机本身的故障造成熔断器熔断。

（3）摇臂不能上升（或下降）。可能的原因：行程开关 SQ2 动作时，故障发生在接触器 KM2 或摇臂升降电动机 M2 上；行程开关 SQ2 没有动作，可能是 SQ2 位置改变，造成活塞杆压不上 SQ2，使 KM2 不能吸合，升降电动机不能得电旋转，摇臂不能上升；液压系统发生故障，如液压泵卡死、不转，油路堵塞或气温太低时油的粘度增大，使摇臂不能完全松开，压不下 SQ2，摇臂也不能上升；电源相序接反，按下 SB3 摇臂上升按钮，液压泵电动机反转，使摇臂夹紧，压不上 SQ2，摇臂也就不能上升或下降。

4.4 磨床的电气控制

机械加工中对零件的表面粗糙度要求较高时，就需要用磨床进行加工，磨床是用砂轮的周边或端面对工件的表面进行机械加工的一种精密机床。磨床的种类很多，根据用途不同可分为平面磨床、内圆磨床、外圆磨床、无心磨床等。本节以 M7130 卧轴矩台平面磨床为例分析磨床的电气控制线路的构成、原理及常见故障的分析方法。

M7130 卧轴矩台平面磨床的作用是用砂轮磨削加工各种零件的平面。它操作方便，磨削精度和光洁度都比较高，适于磨削精密零件和各种工具，并可作镜面磨削。

4.4.1 M7130 卧轴矩台平面磨床的主要结构及运动形式

M7130 卧轴矩台平面磨床的型号意义如下：

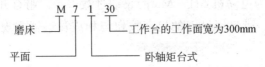

M7130 卧轴矩台平面磨床主要由床身、工作台、电磁吸盘、砂轮架（及磨头）、滑座和立柱等部分组成。图 4-7 为 M7130 卧轴矩台平面磨床结构示意图。

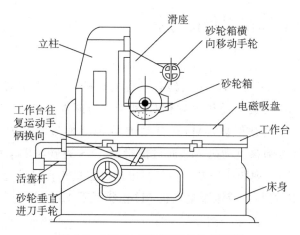

图 4-7　M7130 平面磨床结构示意图

主运动：砂轮的高速旋转。

进给运动：工作台的往复运动（纵向进给）、砂轮架的横向（前后）进给、砂轮架的升降运动（垂直进给）。

辅助运动：工件的夹紧、工作台的快速移动、工件的夹紧与放松、工件冷却。

4.4.2　磨床的电力拖动要求与控制特点

M7130 平面磨床采用多电机拖动，其中砂轮电动机拖动砂轮旋转，砂轮的旋转不需要调速，采用三相异步装入式电动机，将砂轮直接安装在电动机轴上；液压电动机驱动液压泵，供出压力油，经液压传动机构来完成工作台往复纵向运动，并实现砂轮的横向自动进给及承担工作台导轨的润滑；冷却泵电动机拖动冷却泵，供出磨削加工时需要的冷却液。

为适应磨削小工件需要，采用电磁吸盘来吸持工件，电磁吸盘有充磁和退磁控制环节。为保证安全，电磁吸盘与砂轮电动机、液压电动机有电气联锁关系。

平面磨床设有局部安全照明。在箱形床身中装有液压传动装置，工作台通过活塞杆由油压驱动作往复运动，床身导轨有自动润滑装置进行润滑。工作台表面有 T 形槽，用以固定电磁吸盘，再用电磁吸盘来吸持加工工件。工作台往返运动的行程长度可通过调节装在工作台正面槽中的撞块位置来改变。换向撞块是通过碰撞工作台往复运动换向手柄来改变油路方向，以实现工作台往复运动的。

在床身上固定有立柱，沿立柱的导轨上装有滑座，砂轮箱能沿滑座的水平导轨作横向移动。砂轮轴由装入式砂轮电动机直接拖动。在滑座内部往往也装有液压传动机构。

滑座可在立柱导轨上作上下垂直移动，并可由垂直进刀手轮操作。砂轮箱的水平轴向移动可由横向移动手轮操作，也可由液压传动作连续或间断横向移动，连续移动用于调节砂轮位置或整修砂轮，间断移动用于进给。

4.4.3 磨床的电气控制线路分析

1. 主电路分析

电气控制线路如图 4-8 所示。主电路有三台电动机，M1 为砂轮电动机，M2 为冷却泵电动机，M3 为液压泵电动机，它们使用一组熔断器 FU1 作为短路保护，M1、M2 由热继电器 FR1 作过载保护，M3 由热继电器 FR2 作过载保护。由于冷却泵箱和床体是分装的，所以冷却泵电动机 M2 通过插接器 1XS 和砂轮电动机 M1 的电源线相连，并和 M1 在主电路实现顺序控制。冷却泵电动机容量小，没设过载保护；砂轮电动机 M1 由接触器 KM1 控制；液压泵电动机 M3 由接触器 KM2 控制。

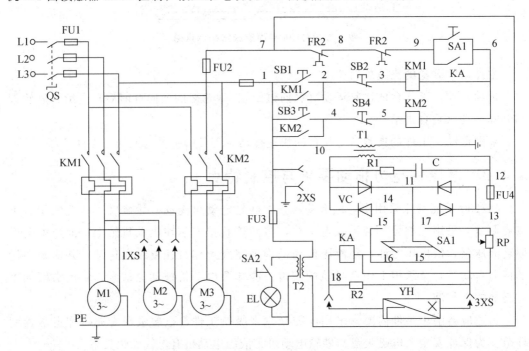

图 4-8 M7130 平面磨床电气控制原理图

2. 控制电路分析

控制电路采用 380V 电压供电，由按钮 SB1、SB2 与接触器 KM1 构成砂轮电动机启动、停止控制电路。由按钮 SB3、SB4 与接触器 KM2 构成液压泵电动机启动、停止控制电路。在三台电动机控制电路中，串接着转换开关 SA1 的常开触点和欠电流继电器 KA 的常开触点，因此，三台电动机启动的必要条件是 SA1 或 KA 的常开触点闭合。即欠电流继电器 KA 通电吸合，触点 KA（6—9）闭合，或 YH 不工作，但转换开关 SA1 置于"去磁"位置，触点 SA1（6—9）闭合后方可进行。

3. 电磁吸盘控制电路

电磁吸盘的构造和原理：电磁吸盘外型有长方形和圆形两种。矩形平面磨床采用长方形电磁吸盘。电磁吸盘结构和工作原理如图 4-9 所示。

　　电磁吸盘的外壳由钢制箱体和盖板组成。在箱体内部均匀排列多个凸起的芯体上绕有线圈，盖板则采用非磁性材料隔离成若干个钢条。当线圈通入直流电后，凸起的芯体和隔离的钢条均被磁化形成磁极。当工件放在电磁吸盘上时，将被磁化而产生与磁盘相异的磁极并被吸住，即磁力线经由盖板、工件、盖板、吸盘体、芯体闭合，将工件牢牢吸住。电磁吸盘电路由整流装置、控制装置及保护装置等部分组成。

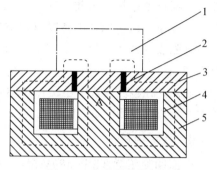

图 4-9 　 电磁吸盘原理图

1—工件；2—隔磁层；3—盖板；

4—线圈；5—钢制吸盘体

　　电磁吸盘整流装置由整流变压器 T1 与桥式全波整流器 VC 组成，输出 110V 直流电压对电磁吸盘供电。电磁吸盘集中由转换开关 SA1 控制。SA1 有三个位置：充磁、断电与去磁。当开关置于"充磁"位置时，触点 SA1（11－15）与触点 SA1（14－16）接通；当开关置于"去磁"位置时，触点 SA1（14－15）、SA1（11－17）及 SA1（6－9）接通；当开关置于"断电"位置时，SA1 所有触点都断开。

　　对应开关 SA1 各位置，电路工作情况如下：

　　当 SA1 置于"充磁"位置，电磁吸盘 YH 获得 110V 直流电压，其极性 15 号线为正，18 号线为负，同时欠电流继电器 KA 与 YH 串联，若吸盘电流足够大，则 KA 动作，触点 KA（6－9）闭合，反映电磁吸盘吸力足以将工件吸牢，这时可分别操作按钮 SB1 与 SB3，启动 M1 与 M2 进行磨削加工。当加工完成，按下停止按钮 SB2 与 SB4，M1 与 M2 停止旋转。为便于从吸盘上取下工件，需对工件进行去磁，其方法是将开关 SA1 扳至"退磁"位置。

　　当 SA1 扳至"退磁"位置时，电磁吸盘中通入反方向电流，并在电路中串入可变电阻 R2，用以限制并调节反向去磁电流大小，达到既退磁又不致反向磁化的目的。退磁结束将 SA1 扳到"断电"位置，便可取下工件。

　　电磁吸盘保护环节：电磁吸盘能欠电流保护、过电压保护及短路保护等。

　　电磁吸盘的欠电流保护：为了防止平面磨床在磨削过程中出现断电事故或吸盘电流减小，致使电磁吸盘失去吸力或吸力减小，造成工件飞出，引起工件损坏或人身事故，故在电磁吸盘线圈电路中串入欠电流继电器 KA，只有当直流电压符合设计要求，吸盘具有足够吸力时，KA 才吸合，触点 KA（6－9）闭合，为启动 M1、M2 进行磨削加工作准备，否则不能开动磨床进行加工。若已处在磨削加工中，则 KA 因电流过小而释放，触点 KA（6－9）断开，KM1、KM2 线圈断电，M1、M2 立即停止旋转，避免事故发生。

　　电磁吸盘线圈的过电压保护：电磁吸盘匝数多，电感大，通电工作时储有大量磁场能量。当线圈断电时，在线圈两端将产生高电压，若无放电回路，将使线圈绝缘及其他电器设备损坏。为此，在吸盘线圈两端应设置放电装置，以吸收断开电源后放出的磁场能量。该机床在电磁吸盘两端并联了电阻 R3，作为放电电阻。

电磁吸盘的短路保护：在整流变压器 T1 二次侧或整流装置输出端装有熔断器作短路保护。

此外，在整流装置中还设有 R、C 串联电路并联在 T1 二次侧，用以吸收交流电路产生过电压和直流侧电路通断时在 T1 二次侧产生浪涌电压，实现整流装置的过电压保护。

4. 照明电路

由照明变压器 T2 将 380V 降为 36V，并由开关 SA2 控制照明灯 EL。在 T2 一次侧装有熔断器 FU3 作短路保护。

4.4.4　M7130 平面磨床电气控制线路常见故障与处理方法

平面磨床电气控制采用了可吸持工件的电磁吸盘，所以常见故障发生在电磁吸盘控制电路。M7130 平面磨床电气控制线路常见故障与处理方法，如表 4-4 所示。

表 4-4　M7130 平面磨床电气控制线路常见故障与处理方法

故障现象	故障分析	处理方法
电磁吸盘没有吸力	1. 三相交流电源是否正常，熔断器 FU1、FU2 与 FU4 是否熔断或接触不良 2. 插接器 3XS 接触是否良好 3. 电流继电器 KA 线圈是否断开，吸盘线圈是否断路等	1. 使用万用表测电压，测量熔断器 FU1、FU2 与 FU4 是否熔断，并予以修复 2. 检查插接器 3XS 是否良好并予以修复 3. 测量电流继电器 KA 线圈、吸盘线圈是否损坏，并予以修复
电磁吸盘吸力不足	1. 整流电路输出电压不正常，负载时不低于 110V 2. 电磁吸盘损坏	1. 测量电压是否正常，找出故障点并予以修复 2. 检查线圈是否短路或断路，更换线圈，处理好线圈绝缘
电磁吸盘退磁效果差	1. 退磁控制电路断路 2. 退磁电压过高	1. 检查转换开关 SA1 接触是否良好，退磁电阻 RP 是否损坏，并予以修复 2. 检查退磁电压（5～10V）并予以修复
三台电动机都不运转	1. 电流继电器 KA 是否吸合，其触点（6—9）是否闭合或接触不良 2. 转换开关 SA1（6—9）是否接通 3. 热继电器 FR1、FR2 是否动作或接触不良	1. 检查电流继电器 KA 触点（6—9）是否良好，并予以修复或更换 2. 检查转换开关 SA1（6—9）是否良好或扳到退磁位置，检查 SA1（6—9）触点情况，并予以修复 3. 检查热继电器 FR1、FR2 是否动作或接触不良，并予以复位或修复

4.5　铣床的电气控制

　　万能铣床是一种通用的多用途机床，它可以用圆柱铣刀、圆片铣刀、角度铣刀、成型铣刀及端面铣刀等刀具对各种零件进行平面、斜面、螺旋面及成型表面的加工，还可以加装万能铣头、分度头和圆工作台等机床附件来扩大加工范围。

　　铣床的种类很多，按照结构形式和加工性能的不同，可分为立式铣床、卧式铣床、龙门铣床、仿形铣床和专用铣床等。

　　常用的万能铣床有两种，一种是 X62W 型万能铣床，铣头水平方向放置；另一种是 X52K 型立式万能铣床，铣头垂直方向放置。这两种铣床在结构上大体相同，工作台进给方式、主轴变速等都一样，电气控制线路经过系列化以后也基本一样，区别在于铣头的放置方向不同。

　　本节以 X62W 型卧式万能铣床为例，分析铣床对电气传动的要求、电气控制线路的构成、工作原理及故障分析。

4.5.1　X62W 型卧式万能铣床的主要结构及运动形式

　　X62W 型卧式万能铣床主要由底座、床身、悬梁、主轴、刀杆支架、工作台、回转盘、横溜板和升降台等部分组成。图 4-10 所示是其外形图、结构、运动形式。

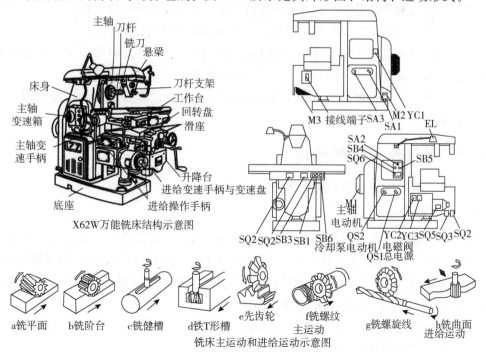

图 4-10　X62W 万能铣床外形图、运动形式、零件图

X62W 万能铣床的主运动是主轴带动铣刀的旋转运动。

X62W 万能铣床的进给运动是指工件随工作台在前后、左右和上下六个方向上的运动以及随圆形工作台的旋转运动。

X62W 万能铣床的辅助运动包括工作台的快速运动及主轴和进给的变速冲动。

4.5.2　电力拖动要求与控制特点

铣削加工有顺铣和逆铣两种加工方式，所以要求主轴电动机能正转和反转，但考虑到大多数情况下一批或多批工件只用一个方向铣削，在加工过程中不需要变换主轴旋转的方向，因此用组合开关来控制主轴电动机的正转和反转。

铣削加工是一种不连续的切削加工方式，为减小振动，主轴上装有惯性轮，但这样会造成主轴停车困难，为此主轴电动机采用电磁离合器制动以实现准确停车。

铣削加工过程中需要主轴调速，采用改变变速箱的齿轮传动比来实现，主轴电动机不需要调速。

铣床的工作台要求有前后、左右和上下六个方向上的进给运动和快速移动，所以要求进给电动机能正反转。为扩大加工能力，在工作台上可加装圆形工作台，圆形工作台的回转运动由进给电动机经传动机构驱动。

为了保证机床和刀具的安全，在铣削加工时，任何时刻工件都只能有一个方向的进给运动，因此采用机械操作手柄和行程开关相配合的方式实现六个运动方向的联锁。

为防止刀具和机床的损坏，要求只有主轴旋转后，才允许有进给运动；同时为了减小加工件的表面粗糙度，要求进给停止后，主轴才能停止或同时停止。

进给变速采用机械方式实现，进给电动机不需要调速。

工作台的快速运动是指工作台在前后、左右和上下六个方向之一上的快速移动。它是通过快速移动电磁离合器的吸合，改变机械传动链的传动比实现的。

为保证变速后齿轮能良好啮合，主轴和进给变速后，都要求电动机做瞬时点动，即变速冲动。

4.5.3　电气控制线路分析

X62W 万能铣床的电气控制线路图如图 4-11 所示。

1. 主电路分析

X62W 主电路共有三台电动机。主轴电动机 M1，主要是拖动主轴带动铣刀旋转，由接触器 KM1、组合开关 SA3 控制，用 FR1 和 FU1 分别进行过载保护和短路保护。

进给电动机 M2，主要是拖动进给运动和快速移动，由接触器 KM3、KM4 控制，用 FR2、FU2 分别进行过载保护和短路保护。

冷却泵电动机 M3，主要是供应冷却液，由手动开关 QS2 控制，用 FR3、FU3 分别进行过载保护和短路保护。

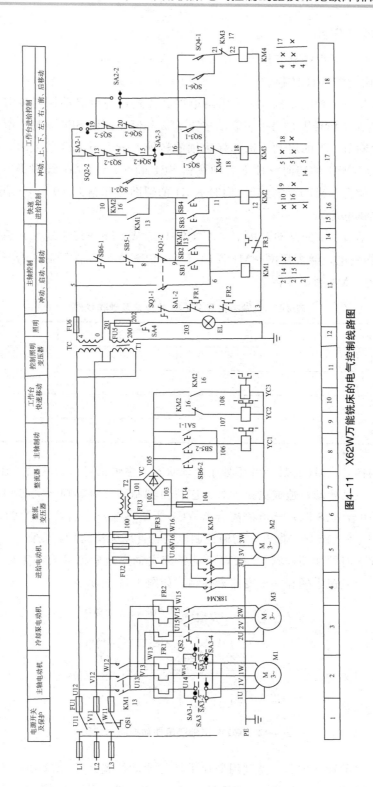

图4-11　X62W万能铣床的电气控制线路图

2. 控制电路分析

控制电路的电源由控制变压器 TC 输出 110V 电压供电。

（1）主轴电动机 M1 的控制

为方便操作，主轴电动机 M1 采用两地控制方式，一组启动控制按钮 SB1 和停车按钮 SB5 安装在工作台上，另一组启动按钮 SB2 和停止按钮 SB6 安装在床身上。

①主轴电动机 M1 的启动。选择好主轴的转速，合上电源开关 QS1，再把主轴换向开关 SA3 扳到所需的转向→按下启动按钮 SB1 或 SB2→KM1 线圈得电→主触头闭合、自锁触头闭合→M1 启动运转。同时 KM1 的辅助常开触头（9−10）闭合，为工作台进给电路提供电源。

②主轴电动机 M1 的制动。按下停车按钮 SB5 或 SB6→SB5 或 SB6 常闭触头先分断→KM1 线圈失电，触头复位→M1 惯性运转→SB5 或 SB6 常开后闭合→电磁离合器线圈 YC1 得电→M1 制动停转。

表 4-5 主轴换向开关 SA3 的位置及动作说明

位置	正转	停止	反转
SA−1	−	−	+
SA−2	+	−	−
SA−3	+	−	−
SA−4	−	−	+

③主轴的换刀。M1 停转后并不处于制动状态，主轴仍可自由转动。在主轴更换铣刀时，为避免主轴转动，造成更换困难，应将主轴制动。将转换开关 SA1 扳到换刀位置→SA1−1 闭合（18 区）→电磁离合器 YC1 线圈得电→主轴处于制动状态以方便的刀。同时 SA1−2（13 区）断开，切断控制电路，铣床无法运行，保证了人身安全。

④主轴变速时的冲动控制。X62W 万能铣床主轴变速操纵箱装在床身左侧窗口上，主轴变速由一个变速手柄和一个变速盘控制，如图 4-12 所示。

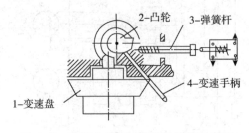

图 4-12 X62W 主轴变速冲动控制示意图

主轴变速时的冲动控制，是利用变速手柄与冲动位置开关 SQ1 通过机械联动机构进行控制的。变速时，先把变速手柄下压，使手柄的榫块从定位槽中脱出，向外拉动手柄使榫块落入第二道槽内，使齿轮组脱离啮合。传动变速盘选定转速后，把手柄推回原位，使榫块重新落进槽内，使齿轮组重新啮合。变速时为了使齿轮容易啮合，手柄推进时，会推动一下位置开关 SQ1，使其瞬间动作，带动电动机 M1 瞬间启动。电动机 M1 的瞬间启动，使齿轮系统抖动，在齿轮系统抖动时刻，将变速手柄先快后慢地推进，齿轮便顺利地啮合。当瞬间点动过程中齿轮系统没有实现良好啮合时，可以重复上述过程直到啮合为止。变速前应先停车。

（2）进给电动机 M2 的控制

工作台的进给运动在主轴启动后方可进行。工作台的进给可在 3 个坐标的 6 个方向运动，即工作台在回转盘上的左右运动；工作台与回转盘一起在溜板上和溜板一起前后运动；升降台在床身的垂直导轨上作上下运动。进给运动是通过两个操纵手柄和机械联动机构控制相应的位置开关使进给电动机 M2 正转或反转来实现的，并且 6 个方向的运动是联锁的，不能同时接通。

①工作台前后、左右、上下六个方向上的进给运动。工作台的前后和上下进给运动由一个手柄控制，左右进给运动由另一个手柄控制。手柄位置与工作台运动方向的关系如表 4-6 所示。

表 4-6　手柄位置与工作台运动方向的关系

控制手柄	手柄位置	行程开关动作	接触器动作	电动机 M2 转向	传动链搭合丝杠	工作台运动方向
左右进给手柄	左	SQ5	KM3	正转	左右进给丝杠	向左
	中	—	—	停止	—	停止
	右	SQ6	KM4	反转	左右进给丝杠	向右
上下和前后进给手柄	上	SQ4	KM4	反转	上下进给丝杠	向上
	下	SQ3	KM3	正转	上下进给丝杠	向下
	中	—	—	停止	—	停止
	前	SQ3	KM3	正转	前后进给丝杠	向前
	后	SQ4	KM4	反转	前后进给丝杠	向后

工作台的左右移动控制。将左右进给手柄扳向左或右时，手柄压下位置开关 SQ5 或 SQ6，使其常闭触头 SQ5-3 或 SQ6-2（17 区）分断，常开触头 SQ5-1（17 区）或 SQ6-1（18 区）闭合，接触器 KM3 或 KM4 得电动作，电动机 M2 正转或反转。由于在 SQ5 或 SQ6 被压合的同时，通过机械机构已将电动机 M2 的传动链与工作台下面的左右进给丝杠相搭合，所以电动机 M2 的正转或反转就拖动工作台向左或向右运动。当工作台向左或向右进给到极限位置时，由于工作台两端各装有一块限位挡铁，所以挡铁碰撞手柄连杆使手柄自动复位到中间位置，位置开关 SQ5 或 SQ6 复位，电动机的传动链与左右丝杠脱离，电动机 M2 停转，工作台停止了进给，实现了左右运动的

终端保护。

工作台的上下和前后进给由上下和前后进给手柄控制，其控制过程与左右进给相似，读者自行分析。

通过以上分析可知，两个操作手柄被置定于某一方向后，只能压下四个行程开关 SQ3、SQ4、SQ5、SQ6 中的一个开关，接通电动机 M2 正转或反转回路，同时通过机械机构将电动机的传动链与三根丝杠（左右丝杠、上下丝杠、前后丝杠）中的一根丝杠相搭合，拖动工作台沿选定的进给方向运动，而不会沿其他方向运动。

②左右进给与上下前后进给的联锁控制。在控制进给的两个手柄中，当其中的一个操作手柄被置定在某一进给方向后，另一个操作手柄必须置于中间位置，否则将无法实现任何进给运动。这是因为在控制电路中对两者实行了联锁保护。如当把左右进给手柄扳向左时，若又将另一个进给手柄扳到向下进给方向，则行程开关 SQ5 和 SQ3 均被压下，常闭触头 SQ5－2 和 SQ3－2 均分断，断开了接触器 KM3 和 KM4 的通路，从而使电动机 M2 停转，保证了操作安全。

③进给变速时的瞬时点动进给变速也需要和主轴变速一样，进行变速后的瞬时点动。进给变速时，必须先把进给操纵手柄放在中间位置，将进给变速盘（在升降台前面）向外拉出，选择好速度后，再将变速盘推进去。在操纵手柄推进的过程中，挡块压下行程开关 SQ2，使触头 SQ2－2 分断，SQ2－1 闭合，接触器 KM3 得电动作，电动机 M2 启动。但随着变速盘复位，行程开关 SQ2 跟着复位，使 KM3 断电释放，M2 失电停转。这样使电动机 M2 瞬时点动一下，齿轮系统产生一次抖动，齿轮便顺利啮合了。

④工作台的快速移动控制。快速移动是通过两个进给操作手柄和快速移动按钮 SB3 或 SB4 配合实现的。安装好工件后，扳动进给操作手柄选定进给方向，按下快速移动按钮 SB3 或 SB4（两地控制），接触器 KM2 得电，KM2 常闭触头（9 区）分断，电磁离合器 YC2 失电，将齿轮传动链与进给丝杠分离；KM2 两对常开触头闭合，一对使电磁离合器 YC3 得电，将电动机 M2 与进给丝杠直接搭合；另一对使接触器 KM3 或 KM4 得电动作，电动机 M2 得电正转或反转，带动工作台沿选定的方向快速移动。由于工作台的快速移动采用的是点动控制，故松开 SB3 或 SB4，快速移动停止。

⑤圆形工作台的控制。圆形工作台的工作由转换开关 SA2 控制。当需要圆形工作台旋转时，将开关 SA2 扳到接通位置，SA2－1 断开、SA2－2 断开、SA2－3 闭合，接触器 KM3 线圈得电，电动机 M2 启动，通过一根专用轴带动圆形工作台做旋转运动。

当不需要圆形工作台旋转时，转换开关 SA2 扳到断开位置，这时触头 SA2－1 和 SA2－3 闭合，触头 SA2－2 断开，工作台在六个方向上正常进给，圆形工作台不能工作。

圆形工作台转动时其余进给一律不准运动，两个进给手柄必须置于零位。若出现误操作，扳动两个进给手柄中的任意一个，则必然压合行程开关 SQ3～SQ6 中的一个，使电动机停止转动。圆形工作台加工不需要调速，也不要求正反转。

3. 冷却泵及照明电路分析

主轴电动机 M1 和冷却泵电动机 M3 采用的是顺序控制，即只有在主轴电动机 M1 启动后，冷却泵电动机 M3 才能启动。冷却泵电动机 M3 由手动开关 QS2 控制。

机床照明由变压器 T1 供给 24V 的安全电压，由开关 SA4 控制。熔断器 FU5 作照明电路的短路保护。

4.5.3 常见电气故障

常见电气故障如下。

（1）主轴电动机不能启动。可能的原因：主轴换向开关打在停止位置；控制电路熔断器 FU1 熔丝熔断；按钮 SB1、SB2、SB5、SB6 的触点接触不良或接线脱落；热继电器 FR1 已动作过，未能复位；主轴变速冲动开关 SQ1 的常闭触点不通；接触器 KM1 线圈及主触点损坏或接线脱落。

（2）主轴不能变速冲动。可能的原因：主轴变速冲动行程开关 SQ1 位置移动、撞坏或断线。

（3）工作台不能进给。可能的原因：接触器 KM3、KM4 线圈及主触点损坏或接线脱落；行程开关 SQ3、SQ4、SQ5、SQ6 的常闭触点接触不良或接线脱落；热继电器 FR3 已动作，未能复位；进给变速冲动开关 SQ2 常闭触点断开；两个操作手柄都不在零位；电动机 M2 已损坏；选择开关 SA2 损坏或接线脱落。

（4）进给不能变速冲动。可能的原因：进给变速冲动开关 SQ2 位置移动、撞坏或断线。

（5）工作台不能快速移动。可能的原因：快速移动的按钮 SB3 或 SB4 的触点接触不良或接线脱落；接触器 KM2 线圈及触点损坏或接线脱落；快速移动电磁铁 YC3 损坏。

4.6 镗床的电气控制

镗床是一种精密加工机床，主要用于加工精确度高的孔，以及各孔间距离要求较为精确的零件，例如一些箱体零件如机床变速箱、主轴箱等，往往需要加工数个尺寸不同的孔，这些孔尺寸大，精度要求高，且孔的轴心线之间有严格的同轴度、垂直度、平行度与距离的精确性等要求，这些都是钻床难以胜任的。由于镗床本身刚性好，其可动部分在导轨上活动间隙很小，且有附加支承，故能满足上述要求。

镗床除镗孔外，在万能镗床上还可以进行钻孔、铰孔、扩孔；用镗轴或平旋盘铣削平面；加上车螺纹附件后，还可以车削螺纹；装上平旋盘刀架可加工大的孔径、端面和外圆。因此，镗床工艺范围广、调速范围大。

按用途不同，镗床可分为卧式镗床、立式镗床、坐标镗床、金刚镗床和专门化镗床等。下面以 T68 镗床为例进行分析。

T68 镗床的型号意义如下：

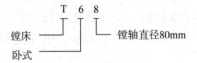

4.6.1　镗床的主要结构及运动形式

T68 卧式镗床主要由床身、前立柱、镗头架、主轴、平旋盘、工作台和后立柱等部分组成，如图 4-13 所示。

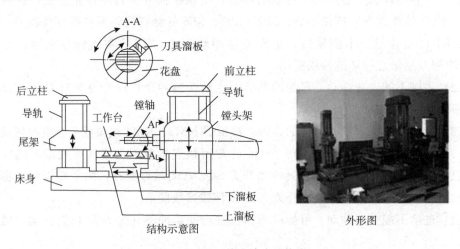

图 4-13　T68 卧式镗床结构图

T68 镗床的前立柱固定在床身上，在前立柱上装有可上下移动的镗头架；切削刀具固定在镗轴或平旋盘上；工作过程中，镗轴可一面旋转，一面带动刀具和轴向进给；后立柱在床身的另一端，可沿床身导轨做水平移动。工作台安置在床身导轨上，由下溜板、上溜板及可转动的工作台组成，工作台可平行于（纵向）或垂直于（横向）镗轴轴线的方向移动，并可绕工作台中心回转。

T68 镗床的主运动是镗轴或平旋盘的旋转运动。

进给运动是主轴和平旋盘的轴向进给，镗头架的垂直进给以及工作台的横向和纵向进给。

辅助运动是工作台的旋转运动、后立柱的水平移动和尾架的垂直移动。

4.6.2　镗床的电力拖动要求与控制特点

镗床的电力拖动要求与控制特点如下。

（1）主轴旋转与进给量都有较大的调速范围，主运动与进给运动由一台电动机拖动，为简化传动机构采用双速笼型异步电动机。

（2）由于各种进给运动都有正反不同方向的运转，故主轴电动机要求正、反转。

（3）为满足调整工作需要，主电动机应能实现正、反转的点动控制。

（4）保证主轴停车迅速、准确，主电动机应有制动停车环节。

（5）主轴变速与进给变速可在主电动机停车或运转时进行。为便于变速时齿轮啮合，应有变速低速冲动过程。

（6）为缩短辅助时间，各进给方向均能快速移动，配有快速移动电动机拖动，采用快速电动机正、反转的点动控制方式。

（7）主电动机为双速电机，有高、低两种速度供选择，高速运转时应先经低速启动。

（8）由于运动部件多，应设有必要的联锁与保护环节。

4.6.3　镗床的电气控制线路分析

T68 镗床电气控制线路如图 4-14 所示。在图 4-14 中，M1 为主电动机，用以实现机床的主运动和进给运动；M2 为快速移动电动机，用以实现主轴箱、工作台的快速移动。前者为双速电动机，功率为 5.5/5.7kW，转速为 1460/2880（r/min）；后者功率 2.5kW，转速 1460r/min。整个控制电路由主轴电动机正反转启动旋转与正反转点动控制环节、主轴电动机正反转停车制动环节、主轴变速与进给变速时的低速运转环节、工作台的快速移动控制及机床的联锁与保护环节等组成。图中 SQ1 用于主电动机变速，SQ2 用于变速联锁，SQ3 用于主轴与平旋盘进给联锁，SQ4 用于工作台与主轴箱进给联锁，SQ5 快速移动正转控制、SQ6 快速移动反转控制。

1. 主电动机的正、反转控制

（1）主电动机正反转点动控制。由正反转接触器 KM1、KM2 与正反转点动按钮 SB3、SB4 组成主电动机 M1 正反转点动控制电路。此时电动机定子绕组 △ 联接进行低速点动。

（2）主电动机正反向低速旋转控制。由正反转启动按钮 SB2、SB5 与正反转接触器 KM1、KM2 构成主电动机正反转启动电路。当选择主电动机低速旋转时，应将主轴速度选择手柄置于低速档位，此时经速度选择手柄联动机构使高低速行程开关 SQ1 处于释放状态，其触点 SQ1（14－16）处于断开状态。此时若按下 SB2 或 SB5 时 KM3 与 KM1 或 KM2 通电吸合，主电动机定子绕组联结成 △ 形，在全压下直接启动获得低速旋转。

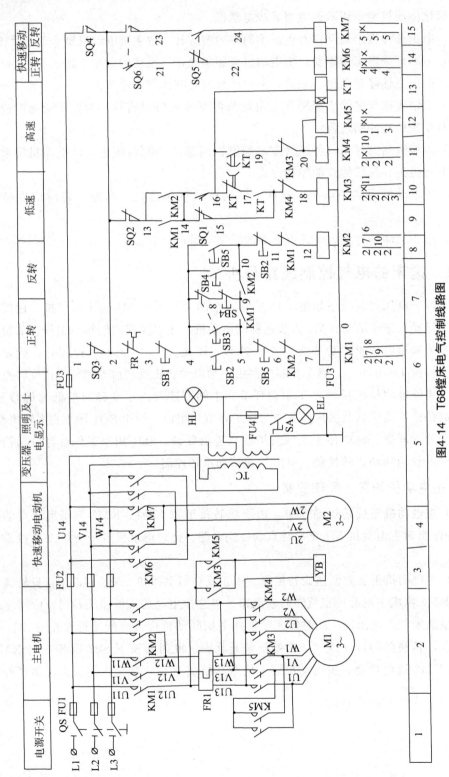

图4-14 T68镗床电气控制线路图

（3）主电动机高速正反转的控制。当需主电动机高速启动旋转时，将主轴速度选择手柄置于高速挡位，此时速度选择手柄经联动机构将行程开关 SQ1 压下，触点 SQ1（14－16）闭合、（14－15）断开→按下启动按钮 SB2 或 SB5→KT 与 KM1 或 KM2 通电吸合→KM3 通电吸合→电动机 M1 定子绕组联结成 △ 形，在全压下直接启动获得低速旋转→在低速 D 形联结启动并经 3s 左右的延时→KT 延时断开的触点 KT（16－17）断开，主电动机低速转动接触器 KM3 断电释放→KT 延时闭合的触点 KT（16－19）闭合高速转动接触器 KM4、KM5 通电吸合→主电动机 M1 定子绕组联接成 YY 形→主电动机由低速旋转转为高速旋转，实现电动机按低速挡启动再自动换接成高速挡运转的自动控制。

2. 主电动机停车与制动的控制

主电动机 M1 在运行中可按下停止按钮 SB1 实现主电动机的停车与制动。按下停车按钮 SB1→控制电路失电→接触器 KM1 或 KM2、KM3 或 KM4、KM5 失电释放→触头复位→电磁离合器 YB 失电→制动电动机。

3. 主电动机在主轴变速与进给变速时的连续低速冲动控制

T68 型卧式镗床的主轴变速与进给变速既可在主轴电动机停车时进行，也可在电动机运行时进行。变速时为便于齿轮的啮合，主电动机运行在连续低速工作状态。

主轴变速时，首先将变速操纵盘上的操纵手柄拉出，转动变速盘，选好速度后，再将变速手柄推回。在拉出或推回变速手柄的同时，与其联动的行程开关 SQ2 相应动作。在手柄拉出时 SQ2 受压，当手柄推回时，SQ2 不受压。

主电动机在运行中如需变速，将变速孔盘拉出，此时 SQ2 受压，触点 SQ2（2－13）断开，使接触器 KM3 或 KM4、KM5、KT 断电释放→主触点断开→电磁离合器 YB 失电→主电动机无论工作在正转或反转状态，都因 KM3 或 KM4 \ KM5 断电释放而停止旋转→变速完毕后，将变速孔盘推进，此时 SQ2 不受压，触点 SQ2（2－13）闭合→此时，无论主电动机原运行于低速或高速→KM3 线圈得电→主电动机 M1 定子绕组 △ 联接，低速运行。若主电动机原运行于高速，KT 线圈与 KM3 线圈同时得电→延时后→KT 延时断开的触点 KT（16－17）断开，主电动机低速转动接触器 KM3 断电释放→KT 延时闭合的触点 KT（16－19）闭合→高速转动接触器 KM4、KM5 通电吸合→主电动机 M1 定子绕组联接成 YY 形→主电动机由低速旋转变为高速旋转。

进给变速时主电动机继续低速冲动控制情况与主轴变速相同，只不过此时操作的是进给变速手柄。

4. 镗头架、工作台快速移动的控制

机床各部件的快速移动，由快速移动操作手柄控制，由快速移动电动机 M2 拖动。运动部件及其运动方向的选择由装设在工作台前方的手柄操纵。快速操作手柄有"正向""反向""停止"3 个位置。在"正向"与"反向"位置时，将压下行程开关 SQ5 或 SQ6，使接触器 KM6 或 KM7 线圈通电吸合，实现 M2 电动机的正反转，再通过相应的传动机构使预先的运动部件按选定方向作快速移动。当快速移动控制手柄置于"停止"位置时，行程开关SQ5、SQ6均不受压，接触器KM6或KM7处于断电释放状态，M2电动机停止旋转，快速移动结束。

5. 机床的联锁保护

由于T68型镗床运动部件较多，为防止机床或刀具损坏，保证主轴进给和工作台进给不能同时进行，为此设置了两个锁保护行程开关SQ3与SQ4。其中SQ4是与工作台和镗头架自动进给手柄联动的行程开关，SQ3是与主轴和平旋盘刀架自动进给手柄联动的行程开关。将行程开关SQ3、SQ4的常闭触点并联后串接在控制电路中，当两种进给运动同时选择时，SQ3、SQ4都被压下，其常闭触点断开，将控制电路切断，于是两种进给都不能进行，实现联锁保护。

4.7　桥式起重机电气控制线路

起重机是一种用来吊起或放下重物并使重物在短距离内水平移动的起重设备。起重设备按结构分为桥式、塔式、门式、旋转式和缆索式等。不同结构的起重设备分别应用于不同的场所，如建筑工地使用的塔式起重机；码头、港口使用的旋转式起重机；生产车间使用的桥式起重机；车战货场使用的门式起重机。

桥式起重机一般通称行车或天车。常见的桥式起重机有5t、10t单钩及15/3t、20/5t双钩等几种。

本节以20/5t双钩桥式起重机为例，分析起重设备的电气控制线路。

4.7.1　桥式起重机的主要结构及运动形式

桥式起重机的结构示意图如图4-15所示。

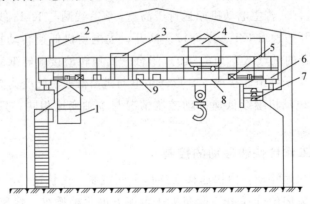

图4-15　桥式起重机结构示意图

1—驾驶室；2—辅助滑线架；3—交流磁力控制盘；4—电阻箱

5—起重小车；6—大车拖动电动机与传动机构；7—端梁；8—主滑线

桥式起重机桥架机构主要由大车和小车组成，主钩（20t）和副钩（5t）组成提升机构。

大车的轨道敷设在沿车间两侧的立柱上，大车可在轨道上沿车间纵向移动；大车上装有小车轨道，供小车横向移动；主钩和副钩都装在小车上，主钩用来提升重物，副钩除可提升轻物外，还可以协同主钩完成工作的吊运，但不允许主、副钩同时提升两个物件。当主、副钩同时工作时，物件的重量不允许超过主钩的额定起重量。这样，桥式起重机可以在大车能够行走的整个车间范围内进行起重运输。

20/5t 桥式起重机采用三相交流电源供电，由于起重机工作时经常移动，因此需采用可移动的电源供电。小型起重机常采用软电缆供电，软电缆可随大、小车的移动而伸展和叠卷。大型起重机一般采用滑触线和集电刷供电。三根主滑触线沿着平行于大车轨道的方向敷设在车间厂房的一侧。三相交流电源经由主滑触线和集电刷引入起重机驾驶室内的保护控制柜上，再从保护控制柜上引起两相电源至凸轮控制器，另一相称为电源公用相，直接从保护控制柜接到电动机的定子接线端。

滑触线通常采用角钢、圆钢、V 形钢或工字钢等刚性导体制成。

4.7.2　桥式起重机的电力拖动要求与控制特点

桥式起重机的电力拖动要求与控制特点如下。

（1）桥式起重机的工作环境较恶劣，经常带负载启动，要求电动机的启动转矩大、启动电流小，且有一定的调速要求，因此多选用绕线转子异步电动机拖动，用转子绕组串电阻实现调速。

（2）要有合理的升降速度，空载、轻载速度要快，重载速度要慢。

（3）提升开始和重物下降到预定位置附近时，需要低速，因此在 30% 额定速度内应分为几挡，以便灵活操作。

（4）提升的第一挡作为预备级，用来消除传动的间隙和张紧钢丝绳，以避免过大的机械冲击，所以启动转矩不能太大。

（5）为保证人身和设备安全，停车必须采用安全可靠的制动方式，因此采用电磁抱闸制动。

（6）具有完备的保护环节：短路、过载、终端及零位保护。

4.7.3　桥式起重机电气控制线路分析

20/5t 桥式起重机的电路图如图 4-16 所示。

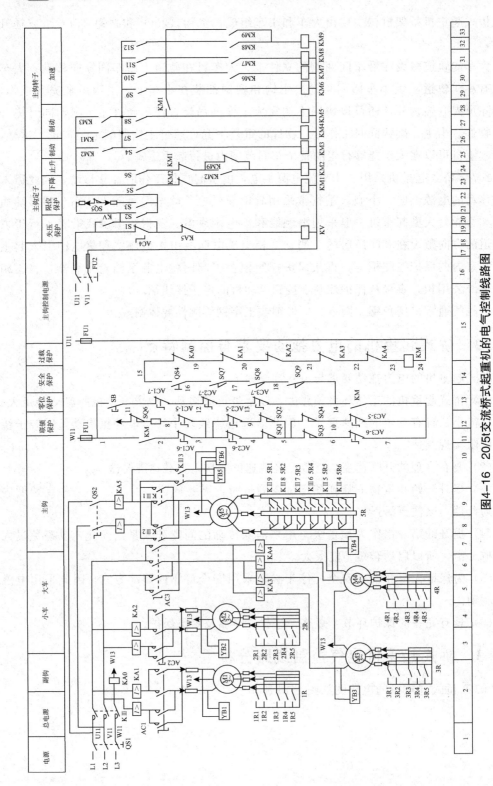

图4-16 20/5t交流桥式起重机的电气控制线路图

20/5t 桥式起重机凸轮控制器触头分合表如表 4-7～表 4-10 所示。

表 4-7　AC1 触头分合表

AC1	向下					0	向上				
	5	4	3	2	1		1	2	3	4	5
V13−1W							×	×	×	×	×
V13−1U	×	×	×	×	×						
U13−1U							×	×	×	×	×
U13−1W	×	×	×	×	×						
1R5	×	×	×	×				×	×	×	×
1R4	×	×	×						×	×	×
1R2	×									×	×
1R2	×										
1R1	×										×
AC1−5						×	×	×	×	×	×
AC1−6	×	×	×	×	×	×					
AC1−7						×					

表 4-8　AC2 触头分合表

AC2	向下					0	向上				
	5	4	3	2	1		1	2	3	4	5
V14−2W							×	×	×	×	×
V14−2U	×	×	×	×	×						
U14−2U							×	×	×	×	×
U14−2W	×	×	×	×	×						
2R5	×	×	×	×				×	×	×	×
2R4	×	×	×						×	×	×
2R2	×									×	×
2R2	×										×
2R1	×										×
AC2−5						×	×	×	×	×	×
AC2−6	×	×	×	×	×	×					
AC2−7						×					

表 4-9　AC3 触头分合表

AC3	向下						向上				
	5	4	3	2	1	0	1	2	3	4	5
V12－3W、4U							×	×	×	×	×
V12－3U、4W	×	×	×	×	×						
U12－3U、4W							×	×	×	×	×
U12－3W、4U	×	×	×	×	×						
3R5	×	×	×	×				×	×	×	×
3R4	×	×	×						×	×	×
3R2	×	×								×	×
3R2	×										×
3R1	×										×
4R5	×	×	×	×				×	×	×	×
4R4	×	×	×						×	×	×
4R2	×	×								×	×
4R2	×										×
4R1	×										×
AC3－5						×	×	×	×	×	×
AC3－6	×	×	×	×	×	×					
AC3－7						×					

表 4-10　AC4 触头分合表

AC4		下降						上升						
		强力			制动									
		5	4	3	2	1	J	0	1	2	3	4	5	6
	S1							×						
	S2	×	×	×										
	S3				×	×	×		×	×	×	×	×	×
KM3	S4	×	×	×	×	×			×	×	×	×	×	×
KM1	S5	×	×	×										
KM2	S6				×	×	×		×	×	×	×	×	×
KM4	S7	×	×	×		×	×		×	×	×	×	×	×
KM5	S8	×	×	×			×			×	×	×	×	×

（续表）

AC4		下降						上升						
		强力			制动									
		5	4	3	2	1	J	0	1	2	3	4	5	6
KM6	S9	×	×								×	×	×	×
KM7	S10	×										×	×	×
KM8	S11	×											×	×
KM9	S12	×	0	0										×

1. 20/5t 桥式起重机的电气设备及控制、保护装置

20/5t 桥式起重机共有五台绕线式转子异步电动机，其控制和保护电器如表 4-11 所示。整个起重机的控制和保护由交流保护柜和交流磁力控制屏来实现。总电源由隔离开关 QS1 控制，由过电流继电器 KA0 实现过流保护。KA0 的线圈串联在公用相中，其整定值不超过全部电动机额定电流总和的 1.5 倍。各控制电路由熔断器 FU1、FU2 实现短路保护。

表 4-11　20/5t 桥式起重机中电动机的控制和保护电器

名称及代号	控制电器	过流和过载保护电器	终端限位保护电器	电磁抱闸制动器
大车电动机 M3、M4	凸轮控制器 AC3	KA3、KA4	SQ3、SQ4	YB3、YB4
小车电动机 M2	凸轮控制器 AC2	KA2	SQ1、SQ2	YB2
副钩升降电动机 M1	凸轮控制器 AC1	KA1	SQ5 提升限位	YB1
主钩升降电动机 M5	主令控制器 AC4	KA5	SQ6 提升限位	YB5、YB6

为了保障维护人员的安全，在驾驶室舱门盖上装有安全开关 SQ7；在横梁两侧栏杆门上分别装有安全开关 SQ8、SQ9；在保护柜上还装有一只单刀单掷的紧急开关 QS4。上述各开关的常开触头与副钩、大车、小车的过电流继电器及总过电流继电器的常闭触头串联，这样，当驾驶室舱门或横梁栏杆门开启时，主接触器 KM 不能获电，起重机的所有电动机都不能启动运行，从而保证了人身安全。

起重机还设置了零位联锁保护，只有当所有的控制器的手柄都处于零位时，起重机才能启动运行，其目的是为了防止电动机在转子回路电阻被排除的情况下直接启动，产生很大的冲击电流造成事故。

电源总开关 QS1、熔断器 FU1 和 FU2、主接触器 KM、紧急开关 QS4 以及过电流继电器 KA0～KA5 都安装在保护柜上。保护柜、凸轮控制器及主令控制器均安装在驾驶室内，以便于司机操作。电动机转子的串联电阻及磁力控制屏则安装在大车桥架上。

由于桥式起重机在工作过程中小车要在大车上横向移动，为了方便供电及各电气

设备之间的连接，在桥架的一侧装设了 21 根辅助滑触线，它们的作用分别是：

用于主钩部分 10 根，其中 3 根连接主钩电动机 M5 的定子绕组接线端；3 根连接转子绕组与转子附加电阻 5R；2 根用于主钩电磁抱闸制动器 YB5、YB6 与交流磁力控制屏的连接；另外 2 根用于主钩上升行程开关 SQ5 与交流磁力控制屏及主令控制器 AC4 的连接。

用于副钩部分 6 根，其中 3 根连接副钩电动机 M1 的转子绕组与转子附加电阻 1R；2 根连接定子绕组接线端与凸轮控制器 AC1；另 1 根将副钩上升行程开关 SQ6 接到交流保护柜上。

用于小车部分 5 根，其中 3 根连接小车电动机 M2 的转子绕组与附加电阻 2R；2 根连接 M2 定子绕组接线端与凸轮控制器 AC2。

起重机的导轨及金属桥架应可靠接地。

2. 主接触器 KM 的控制

（1）准备阶段

在起重机投入运行前，应将所有凸轮控制器手柄置于零位，使零位联锁触头 AC1－7、AC2－7、AC3－7 闭合；合上紧急开关 QS4，关好舱门和横梁杆门，使行程开关 SQ7、SQ8、SQ9 的常开触头也处于闭合状态。

（2）启动运行阶段

合上电源开关 QS1，按下启动按钮 SB，主接触器 KM 得电吸合，KM 主触头闭合，使两相电源引入各凸轮控制器。同时，KM 的两副辅助常开触头闭合自锁，主接触器 KM 的线圈，主接触器的线圈经 1－2－3－4－5－6－7－14－18－17－16－15－19－20－21－22－23－24 至 FU1 形成通路获电。

3. 凸轮控制器的控制

20/5t 桥式起重机的大车、小车和副钩电动机的容量都较小，一般采用凸轮控制器的控制。

由于大车被两台电动机 M3 和 M4 同时拖动，所以大车凸轮控制器 AC3 比 AC1、AC2 多了 5 对常开触头，以供排除电动机 M4 的转子电阻 4R1～4R5 之用。大车、小车和副钩的控制过程基本相同，下面以副钩为例，说明控制过程。

副钩凸轮控制器 AC1 的手轮共有 11 个位置，中间位置是零位，左、右两边各有 5 个位置，用来控制电动机 M1 在不同转速下的正、反转，即用来控制副钩的升降。

在主接触器 KM 得电吸合、总电源接通的情况下，转动凸轮控制器 AC1 的手轮至向上位置任一挡时，AC1 的主触头 V13－1W 和 U13－1U 闭合，电动机接通三相电源正转，副钩上升。反之将手轮扳至向下位置的任一挡时，AC1 的主触头 V13－1U 和 U13－1W 闭合，M1 反转，带动副钩下降。

当将 AC1 的手柄扳到"1"时，AC1 的五对辅助常开触头 1R1～1R5 均断开，副钩电动机 M1 的转子回路串入全部电阻启动，M1 以最低转速带动副钩运动。依次扳到

2～5 挡时，五对辅助常开触头 1R1～1R5 逐个闭合，依次短接电阻 1R1～1R5，电动机 M1 的电阻转速逐步升高，直至达到预定转速。

当断电或将手轮转至 "0" 位时，电动机 M1 断电，同时电磁抱闸制动器 YB1 也断电，M1 被迅速制动停转。当副钩带有重负载时，考虑到负载的重力作用，在下降负载时，应先把手轮逐级扳到 "下降" 的最后一挡，再根据速度要求逐级退回升速，以免引起下降过快造成事故。

4. 主令控制器的控制

主钩电动机容量较大，一般采用主令控制器配合磁力控制屏进行控制，即用主令控制器，再由接触器控制电动机。为提高主钩运行的稳定性，在排除转子附加电阻时，采用三相平衡切除，使三相转子电流平衡。

主钩上升与副钩上升的工作过程基本相似，区别仅在于它是通过接触器控制的。

主钩下降时与副钩的工作过程有明显的差异，主钩下降有 6 挡位置，"J""1""2" 为制动位置，用于重负载低速下降，电动机处于倒拉反接制动运行状态；"3""4""5" 挡为强力下降位置，主要用于轻负载快速下降。

先合上电源开关 QS1、QS2、QS3，接通主电路和控制电路电源，将主令控制器 AC4 的手柄置于零位，其触头 S1 闭合，电压继电器 KV 得电吸合，其常开触头闭合，为主钩电动机 M5 启动做准备。手柄处于各挡时的工作情况如表 4-12 所示。

表 4-12　主钩电动机的工作情况

AC4 手柄位置	AC4 闭合触头	得电动作的接触器	主钩的工作状态
制动下降位置 "J" 挡	S3、S6 S7、S8	KM2、KM4 KM5	电动机 M5 接正序电压产生提升方向的电磁转矩，但由于 YB5、YB6 线圈未得电而仍处于制动状态，在制动器和载重的重力作用下，M5 不能启动旋转。此时，M5 转子电路接入四段电阻，为启动做好准备
制动下降位置 "1" 挡	S3、S4 S6、S7	KM2、KM3 KM4	电动机 M5 仍接正序电压，但由于 KM3 得电动作，YB5、YB6 得电松开，M5 能自由旋转；由于 KM5 断电释放，转子回路接入五段电阻，M5 产生的提升转矩减小。此时若重物产生的负载倒拉力矩大于 M5 的电磁转矩，M5 运转在倒拉反接制动状态，低速下放重物。反之，重物反而被提升，此时必须将 AC4 的手柄迅速扳到下一挡

（续表）

AC4 手柄位置	AC4 闭合触头	得电动作 的接触器	主钩的工作状态
制动下降 位置"2"挡	S3、S4 S6	KM2、KM3	电动机 M5 仍接正序电压，但 S7 断开，KM4 断电释放，附加电阻全部串入转子回路，M5 产生的电磁转矩减小，重负载的下降速度比"1"挡时加快
强力下降 位置"3"挡	S2、S4 S5、S7 S8	KM1、KM3 KM4、KM5	KM1 得电吸合，电动机 M5 接负序电压，产生下降方向的电磁转矩；KM4、KM5 吸合，转子回路切除两级电阻 5R6 和 5R5；KM3 吸合，YB5、YB6 的抱闸松开，此时若负载较轻，M5 处于反转电动状态，强力下降重物；若负载较重，使电动机的转速超过其同步转速，M5 将进入再生发电制动状态，限制下降速度
强力下降 位置"4"挡	S2、S4 S5、S7 S8、S9	KM1、KM3 KM4、KM5 KM6	KM6 得电吸合，转子附加电阻 5R4 被排除，M5 进一步加速，轻负载下降速度加快。另外，KM6 的辅助常开触头闭合，为 KM7 获电做准备
强力下降 位置"5"挡	S2、S4 S5 S7～S12	KM1、KM3 KM4～KM9	AC4 闭合的触头较"4"挡又增加了 S10、S11、S12，KM7～KM9 依次得电吸合，转子附加电阻 5R3、5R2、5R1 依次逐级排除，以避免过大的冲击电流；M5 旋转速度逐渐增加，最后以最高速度运转，负载以最快速度下降。此时若负载较重，使实际下降速度超过电动机的同步转速，电动机将进入再生发电制动状态，电磁转矩变成制动力矩，限制负载下降速度的继续增加

桥式起重机在实际运行过程中，操作人员要根据具体情况选择不同的挡位。例如主令控制器 AC4 的手柄在强力下降位置"5"挡时，仅适用于起重负载较小的场合。如果需要较低的下降速度或起重较大负载的情况下，就需要将 AC4 的手柄扳回到制动下降位置"1"或"2"挡进行反接制动下降。为了避免转换过程中可能发生过高的下降速度，在接触器 KM9 电路中常用辅助常开触头 KM9 自锁，同时为了不影响提升调速，在该支路中再串联一个辅助常开触头 KM1，以保证 AC4 的手柄由强力下降位置向制动下降位置转换时，接触器 KM9 线圈始终通电，只有将手柄扳至制动下降位置后，KM9 的线圈才断电。

在 AC4 的触头分合表中，强力下降位置 "3" 和 "4" 挡上有 "0" 符号，表示手柄由 "5" 挡回转时，触头 S12 接通。如果没有以上联锁措施，在手柄由强力下降位置向制动下降位置转换时，若操作人员不小心误将手柄停在了 "3" 或 "4" 挡，那么正在高速下降的负载速度不但得不到控制，反而会增加，很可能造成事故。

另外，串接在接触器 KM2 线圈电路中的 KM2 常开触头与 KM9 常闭触头并联，主要作用是当接触器 KM1 线圈断电释放后，只有在 KM9 断电释放的情况下，接触器 KM2 才能得电自锁，从而保证了只有在转子电路中串接一定附加电阻的前提下，才能进行反接制动，以防止反接制动时产生过大的冲击电流。

4.7.4　桥式起重机常见电气故障

桥式起重机的结构复杂，工作环境较恶劣，故障率较高。为保证人身和设备的安全，必须进行经常性的维护保养和检修。

（1）合上电源总开关 QS1 并按下启动按钮 SB 后，接触器 KM 不动作。可能的原因：线路无电压；熔断器 FU1 熔断或过电流继电器动作后未复位；紧急开关 QS4 或安全开关 SQ7、SQ8、SQ9 未合上；各凸轮控制器手柄未在零位；主接触器 KM 线圈断路。

（2）主接触器 KM 吸合后，过电流继电器立即动作。可能的原因：凸轮控制器电路接地；电动机绕组接地；电磁抱闸线圈接地。

（3）接通电源并转动凸轮控制器的手轮后，电动机不启动。可能的原因：凸轮控制器主触头接触不良；滑触线与集电刷接触不良；电动机的定子绕组或转子绕组接触不良；电磁抱闸线圈断路或制动器未松开。

（4）转动凸轮控制器后，电动机能启动运转，但不能输出额定功率且转速明显减慢。可能的原因：电源电压偏低；制动器未完全松开；转子电路串接的附加电阻未完全排除；机构卡住。

（5）制动电磁铁线圈过热。可能的原因：电磁铁线圈的电压与线路电压不符；电磁铁工作时，动、静铁心间的间隙过大；电磁铁的牵引力过载；制动器的工作条件与线圈数据不符；电磁铁铁心歪斜或机械卡阻。

（6）制动电磁铁噪声过大。可能的原因：交流电磁铁短路环开路；动、静铁心端面有油污；铁心松动或铁心端面不平整；电磁铁过载。

（7）凸轮控制器在工作过程中卡住或转不到位。可能的原因：凸轮控制器的动触头卡在静触头下面；定位机构松动。

（8）凸轮控制器在转动过程中火花过大。可能的原因：动、静触头接触不良；控制的电动机容量过大。

4.8 实　训

4.8.1　C650型普通车床控制电路故障检修

1. 任务目标

(1) 熟悉常用电器元件的作用。

(2) 熟悉各种保护环节在机床电气控制系统中的重要作用。

(3) 进一步理解典型控制环节在机床控制系统中的应用。

(4) 了解控制线路中常见故障的检测思路和方法，通过学习能排除常见故障。

2. 实训设备

(1) 工具：测电笔、螺钉旋具、斜口钳、剥线钳、电工刀等。

(2) 仪表：万用表、兆欧表。

(3) 器材：C650型普通车床控制电路实训考核台。

3. 实训内容和步骤

(1) 在教师指导下，对C650型普通车床演示电路进行实际操作，了解车床的各种工作状态及操作手柄的作用。

(2) 在教师指导下，掌握C650型普通车床电器元件的安装位置、走线情况及操作手柄处于不同位置时，各位置开关的工作状态及运动部件的工作情况。

(3) 在C650型普通车床实训考核台上人为设置故障，由教师示范检修，边分析边检查，直到故障排除。

(4) 由教师设置让学生知道的故障点，指导学生从故障现象着手进行分析，采用正确的检查步骤和维护方法排除故障。

(5) 教师设置故障，由学生检修。

4. 注意事项

(1) 检修前要认真阅读C650型普通车床的电路图，熟练掌握各个控制环节的原理及作用。要求学生认真地观察教师的示范检修方法及思路。

(2) 检修中的所用工具、仪表应符合使用要求，并能正确地使用，检修时要认真核对导线的线号，以免出现误判。

(3) 排除故障时，必须修复故障点，但不得采用元件代换法。

(4) 排除故障时，严禁扩大故障范围或发生新的故障。

(5) 要求学生使用电阻测量法排除故障，以确保安全。

5. 技能训练考核评分标准

技能训练考核评分标准如表4-13所示。

表 4-13　评分标准

序号	考核内容	考核要求	配分	得分
1	调查研究	排除故障前不进行调查研究，扣 1 分	5	
2	故障分析	1. 错标或未标出故障范围，每个故障点扣 10 分 2. 不能标出最小的故障范围，每个故障点扣 5 分	40	
3	故障排除	1. 实际排除故障中思路不清楚，每个故障点扣 5 分 2. 每少查出一个故障点，扣 5 分 3. 每少排除一个故障点，扣 10 分 4. 排除故障方法不正确，每处扣 10 分	40	
3	其他	1. 排除故障时产生新的故障后不能自行修复，每个扣 20 分 2. 已经修复，每个扣 10 分 3. 损坏电动机，扣 20 分	15	
4	安全文明生产	违反安全文明生产规程，扣 5～40 分		
5	定额时间 45min	不允许超时检查		
6	备注	除定额时间外，各项目的最高扣分不应超过配分		
7	否定项	发生重大责任事故、严重违反教学纪律者得 0 分		
开始时间		结束时间	实际时间	

4.8.2　Z3040 摇臂钻床控制电路故障检修

1. 任务目标

（1）熟悉常用电器元件的作用。

（2）熟悉各种保护环节在机床电气控制系统中的重要作用。

（3）进一步理解典型控制环节在机床控制系统中的应用。

（4）了解控制线路中故障的检测思路和方法，通过学习能排除常见故障。

2. 实训设备

（1）工具：测电笔、螺钉旋具、斜口钳、剥线钳、电工刀等。

（2）仪表：万用表、兆欧表。

（3）器材：Z3040 摇臂钻床控制电路实训考核台。

3. 实训内容和步骤

（1）在教师指导下，对 Z3040 摇臂钻床演示电路进行实际操作，了解钻床的各种工作状态及操作手柄的作用。

（2）在教师指导下，了解 Z3040 摇臂钻床电器元件的安装位置、走线情况及操作手柄处于不同位置时，各位置开关的工作状态及运动部件的工作情况。

（3）在 Z3040 摇臂钻床实训考核台上人为设置故障，由教师示范检修，边分析边检查，直到故障排除。

（4）由教师设置学生应该知道的故障点，指导学生从故障现象着手进行分析，采用正确的检查步骤和维护方法排除故障。

（5）教师设置故障，由学生检修。

4. 注意事项

（1）检修前要认真阅读 Z3040 摇臂钻床的电路图，熟练掌握各个控制环节的原理及作用。要求学生认真地观察教师的示范检修方法及思路。

（2）检修中的所用工具、仪表应符合使用要求，并能正确地使用，检修时要认真核对导线的线号，以免出现误判。

（3）排除故障时，必须修复故障点，但不得采用元件代换法。

（4）排除故障时，严禁扩大故障范围或发生新的故障。

（5）要求学生使用电阻测量法排除故障，以确保安全。

5. 技能训练考核评分标准

技能训练考核评分标准如表 4-14 所示。

表 4-14　评分标准

序号	考核内容	考核要求	配分	得分
1	调查研究	排除故障前不进行调查研究，扣 1 分	5	
2	故障分析	1. 错标或未标出故障范围，每个故障点扣 10 分 2. 不能标出最小的故障范围，每个故障点扣 5 分	40	
3	故障排除	1. 实际排除故障中思路不清楚，每个故障点扣 5 分 2. 每少查出一个故障点，扣 5 分 3. 每少排除一个故障点，扣 10 分 4. 排除故障方法不正确，每处扣 10 分	40	
3	其他	1. 排除故障时产生新的故障后不能自行修复，每个扣 20 分 2. 已经修复，每个扣 10 分 3. 损坏电动机，扣 20 分	15	
4	安全文明生产	违反安全文明生产规程，扣 5~40 分		
5	定额时间 45min	不允许超时检查		
6	备注	除定额时间外，各项目的最高扣分不应超过配分		
7	否定项	发生重大责任事故、严重违反教学纪律者得 0 分		
开始时间		结束时间		实际时间	

4.8.3　M7130 平面磨床控制电路故障检修

1. 任务目标

(1) 理解 M7130 平面磨床控制电路的工作原理。

(2) 学会 M7130 平面磨床控制电路的故障检修方法。

2. 实训设备

(1) 工具：测电笔、螺钉旋具、斜口钳、剥线钳、电工刀等。

(2) 仪表：万用表、兆欧表。

3. 实训内容和步骤

(1) 在教师指导下，在 M7130 平面磨床实训考核台上进行实际操作，了解 M7130 平面磨床的各种工作状态及电磁吸盘的作用。

(2) 在教师指导下，了解 M7130 平面磨床电器元件的安装位置、走线情况及操作手柄处于不同位置时，各位置开关的工作状态及运动部件的工作情况。

(3) M7130 平面磨床实训考核台上人为设置故障，由教师示范检修，边分析边检查，直到故障排除。

(4) 由教师设置学生应该知道的故障点，指导学生从故障现象着手进行分析，采用正确的检查步骤和维护方法排除故障。

(5) 教师设置故障，由学生检修。

4. 注意事项

(1) 检修前要认真阅读 M7130 平面磨床的电路图，熟练掌握各个控制环节的原理及作用。要求学生认真地观察教师的示范检修方法及思路。

(2) 检修中的所用工具、仪表应符合使用要求，并能正确地使用，检修时要认真核对导线的线号，以免出现误判。

(3) 排除故障时，必须修复故障点，但不得采用元件代换法。

(4) 排除故障时，严禁扩大故障范围或发生新的故障。

(5) 要求学生使用电阻测量法排除故障，以确保安全。

5. 技能训练考核评分标准

技能训练考核评分标准如表 4-15 所示。

表 4-15　评分标准

序号	考核内容	考核要求	配分	得分
1	调查研究	排除故障前不进行调查研究，扣 1 分	5	
2	故障分析	1. 错标或未标出故障范围，每个故障点扣 10 分 2. 不能标出最小的故障范围，每个故障点扣 5 分	40	

（续表）

序号	考核内容	考核要求	配分	得分
3	故障排除	1. 实际排除故障中思路不清楚，每个故障点扣 5 分 2. 每少查出一个故障点，扣 5 分 3. 每少排除一个故障点，扣 10 分 4. 排除故障方法不正确，每处扣 10 分	40	
3	其他	1. 排除故障时产生新的故障后不能自行修复，每个扣 20 分 2. 已经修复，每个扣 10 分 3. 损坏电动机，扣 20 分	15	
4	安全文明生产	违反安全文明生产规程，扣 5～40 分		
5	定额时间 45min	不允许超时检查		
6	备注	除定额时间外，各项目的最高扣分不应超过配分		
7	否定项	发生重大责任事故、严重违反教学纪律者得 0 分		
开始时间		结束时间	实际时间	

4.8.4　X62W 万能铣床控制电路故障检修

1. 任务目标

（1）熟悉常用电器元件的作用。

（2）熟悉各种保护环节在机床电气控制系统中的重要作用。

（3）进一步理解典型控制环节在机床控制系统中的应用。

（4）了解控制线路中故障的检测思路和方法，通过学习能排除常见故障。

2. 实训设备

（1）工具：测电笔、螺钉旋具、斜口钳、剥线钳、电工刀等。

（2）仪表：万用表、兆欧表。

（3）器材：X62W 万能铣床控制电路实训考核台。

3. 实训内容和步骤

（1）在教师指导下，对 X62W 万能铣床演示电路进行实际操作，了解铣床的各种工作状态及操作手柄的作用。

（2）在教师指导下，了解 X62W 万能铣床电器元件的安装位置、走线情况及操作手柄处于不同位置时，各位置开关的工作状态及运动部件的工作情况。

（3）在 X62W 万能铣床实训考核台上人为设置故障，由教师示范检修，边分析边检查，直到故障排除。

（4）由教师设置学生应该知道的故障点，指导学生从故障现象着手进行分析，采用正确的检查步骤和维护方法排除故障。

（5）教师设置故障，由学生检修。

4. 注意事项

（1）检修前要认真阅读 X62W 万能铣床的电路图，熟练掌握各个控制环节的原理及作用。要求学生认真地观察教师的示范检修方法及思路。

（2）检修中的所用工具、仪表应符合使用要求，并能正确地使用，检修时要认真核对导线的线号，以免出现误判。

（3）排除故障时，必须修复故障点，但不得采用元件代换法。

（4）排除故障时，严禁扩大故障范围或发生新的故障。

（5）要求学生使用电阻测量法排除故障，以确保安全。

5. 技能训练考核评分标准

技能训练考核评分标准如表 4-16 所示。

表 4-16　评分标准

序号	考核内容	考核要求	配分	得分
1	调查研究	排除故障前不进行调查研究，扣 1 分	5	
2	故障分析	1. 错标或未标出故障范围，每个故障点扣 10 分 2. 不能标出最小的故障范围，每个故障点扣 5 分	40	
3	故障排除	1. 实际排除故障中思路不清楚，每个故障点扣 5 分 2. 每少查出一个故障点，扣 5 分 3. 每少排除一个故障点，扣 10 分 4. 排除故障方法不正确，每处扣 10 分	40	
3	其他	1. 排除故障时产生新的故障后不能自行修复，每个扣 20 分 2. 已经修复，每个扣 10 分 3. 损坏电动机，扣 20 分	15	
4	安全文明生产	违反安全文明生产规程，扣 5～40 分		
5	定额时间 45min	不允许超时检查		
6	备注	除定额时间外，各项目的最高扣分不应超过配分		
7	否定项	发生重大责任事故、严重违反教学纪律者得 0 分		
开始时间		结束时间	实际时间	

4.8.5　T68 镗床控制电路故障检修

1. 任务目标

（1）理解 T68 镗床控制电路的工作原理。

（2）学会 T68 镗床控制电路的故障检修方法。

2. 实训设备

（1）工具：测电笔、螺钉旋具、斜口钳、剥线钳、电工刀等。

（2）仪表：万用表、兆欧表。

3. 实训内容和步骤

（1）在教师指导下，在 T68 镗床实训考核台上进行实际操作。

（2）在教师指导下，了解 T68 镗床电器元件的安装位置、走线情况及操作手柄处于不同位置时，各位置开关的工作状态及运动部件的工作情况。

（3）T68 镗床实训考核台上人为设置故障，由教师示范检修，边分析边检查，直到故障排除。

（4）由教师设置学生应该知道的故障点，指导学生从故障现象着手进行分析，采用正确的检查步骤和维护方法排除故障。

（5）教师设置故障，由学生检修。

4. 注意事项

（1）检修前要认真阅读 T68 镗床的电路图，熟练掌握各个控制环节的原理及作用。要求学生认真地观察教师的示范检修方法及思路。

（2）检修中的所用工具、仪表应符合使用要求，并能正确地使用，检修时要认真核对导线的线号，以免出现误判。

（3）排除故障时，必须修复故障点，但不得采用元件代换法。

（4）排除故障时，严禁扩大故障范围或发生新的故障。

（5）要求学生使用电阻测量法排除故障，以确保安全。

5. 技能训练考核评分标准

技能训练考核评分标准如表 4-17 所示。

表 4-17　评分标准

序号	考核内容	考核要求	配分	得分
1	调查研究	排除故障前不进行调查研究，扣 1 分	5	
2	故障分析	1. 错标或未标出故障范围，每个故障点扣 10 分 2. 不能标出最小的故障范围，每个故障点扣 5 分	40	
3	故障排除	1. 实际排除故障中思路不清楚，每个故障点扣 5 分 2. 每少查出一个故障点，扣 5 分 3. 每少排除一个故障点，扣 10 分 4. 排除故障方法不正确，每处扣 10 分	40	

（续表）

序号	考核内容	考核要求	配分	得分
3	其他	1. 排除故障时产生新的故障后不能自行修复，每个扣 20 分 2. 已经修复，每个扣 10 分 3. 损坏电动机，扣 20 分	15	
4	安全文明生产	违反安全文明生产规程，扣 5～40 分		
5	定额时间 45min	不允许超时检查		
6	备注	除定额时间外，各项目的最高扣分不应超过配分		
7	否定项	发生重大责任事故、严重违反教学纪律者得 0 分		
开始时间		结束时间	实际时间	

4.8.6　15/3t 桥式起重机控制电路故障检修

1. 任务目标

（1）理解 15/3t 桥式起重机控制电路的工作原理。

（2）学会 15/3t 桥式起重机控制电路的故障检修方法。

2. 实训设备

（1）工具：测电笔、螺钉旋具、斜口钳、剥线钳、电工刀等。

（2）仪表：万用表、兆欧表。

3. 实训内容和步骤

（1）在教师指导下，在 15/3t 桥式起重机实训考核台上进行实际操作，了解 15/3t 桥式起重机的各种工作状态及电磁吸盘的作用。

（2）在教师指导下，了解 15/3t 桥式起重机电器元件的安装位置、走线情况及操作手柄处于不同位置时，各位置开关的工作状态及运动部件的工作情况。

（3）15/3t 桥式起重机实训考核台上人为设置故障，由教师示范检修，边分析边检查，直到故障排除。

（4）由教师设置学生应该知道的故障点，指导学生从故障现象着手进行分析，采用正确的检查步骤和维护方法排除故障。

（5）教师设置故障，由学生检修。

4. 注意事项

（1）检修前要认真阅读 15/3t 桥式起重机的电路图，熟练掌握各个控制环节的原理及作用。要求学生认真地观察教师的示范检修方法及思路。

（2）检修中的所用工具、仪表应符合使用要求，并能正确地使用，检修时要认真核对导线的线号，以免出现误判。

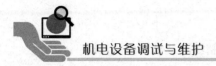

（3）排除故障时，必须修复故障点，但不得采用元件代换法。

（4）排除故障时，严禁扩大故障范围或发生新的故障。

（5）要求学生使用电阻测量法排除故障，以确保安全。

5. 技能训练考核评分标准

技能训练考核评分标准如表 4-18 所示。

表 4-18 评分标准

序号	考核内容	考核要求	配分	得分
1	调查研究	排除故障前不进行调查研究，扣 1 分	5	
2	故障分析	1. 错标或未标出故障范围，每个故障点扣 10 分 2. 不能标出最小的故障范围，每个故障点扣 5 分	40	
3	故障排除	1. 实际排除故障中思路不清楚，每个故障点扣 5 分 2. 每少查出一个故障点，扣 5 分 3. 每少排除一个故障点，扣 10 分 4. 排除故障方法不正确，每处扣 10 分	40	
3	其他	1. 排除故障时产生新的故障后不能自行修复，每个扣 20 分 2. 已经修复，每个扣 10 分 3. 损坏电动机，扣 20 分	15	
4	安全文明生产	违反安全文明生产规程，扣 5～40 分		
5	定额时间 45min	不允许超时检查		
6	备注	除定额时间外，各项目的最高扣分不应超过配分		
7	否定项	发生重大责任事故、严重违反教学纪律者得 0 分		
开始时间		结束时间	实际时间	

本章小结

本章主要介绍了电气控制线路的读图方法、C650 车床电气控制线路分析、Z37 和 Z3040 型摇臂钻床电气控制线路分析、M7130 平面磨床电气控制线路分析、X62W 万能铣床电气控制线路分析和 20t/5t 桥式起重机电气控制线路分析。通过普通车床、铣床设备电气控制线路的分析，使读者了解和掌握阅读电气原理图的方法，培养读图能力，并能够通过读图分析各种典型生产机床的工作原理，为电气控制线路的设计及电气线路的调试、维护等方面工作打下良好的基础。

本章习题

1. 试述 C650 型车床主轴电动机的控制特点及时间继电器 KT 的作用。

2. C650 型车床电气控制有哪些保护环节？

3. 在 M7130 型磨床励磁、退磁电路中，电器 RP 有何作用？

4. 当 M7130 型磨床工件磨削完毕，为使工件容易从工作台上取下，应使电磁吸盘去磁，此时应如何操作，电路工作情况如何？

5. Z3040 型摇臂钻床在摇臂升降过程中，液压泵电动机 M3 和摇臂升降电动机 M2 应如何配合工作，并以摇臂上升为例叙述电路工作情况。

6. 在 Z3040 型摇臂钻床电路中 SQ1、SQ2、SQ3 各行程开关的作用是什么？结合电路工作情况说明。

7. 在 Z3040 型摇臂钻床电路中，时间继电器 KT 的作用是什么？

8. 在 X62 型铣床电路中，电磁离合器 YC1、YC2、YC3 的作用是什么？

9. X62 型铣床电气控制有哪些联锁与保护？为什么要有这些联锁与保护？它们是如何实现的？

10. X62 型铣床进给变速能否在运行中进行，为什么？

11. X62 型铣床主轴变速能否在主轴停止时或主轴旋转时进行，为什么？

12. X62 型铣床电气控制有哪些特点？

13. 试述 T68 型铣床主轴电动机 M1 高速启动控制的操作过程及电路工作情况。

14. T68 型镗床电路中行程开关 SQ1～SQ6 各有什么作用？安装在何处？它们分别由哪些操作手柄控制？

15. 在 T68 镗床电路中时间继电器 KT 有何作用？其延时长短有何影响？

16. 在 T68 镗床电路中接触器 KM3 在主轴电动机 M1 什么状态下不工作？

17. 试述 T68 镗床快速进给的控制过程。

18. T68 镗床电气控制有哪些特点？

19. 桥式起重机为什么多选用绕线转子异步电动机拖动？

20. 桥式起重机的电气控制线路路中设置了哪些安全保护措施来保证人身安全？

21. 桥式起重机主钩下降的制动下降挡主要用于哪些情况？

参考文献

［1］王本轶.机电设备控制基础［M］.北京：机械工业出版社，2015.

［2］刘然，成文，费娥.机电设备评估基础项目化教程［M］.北京：清华大学出版社，2018.

［3］王本轶.机电设备控制基础［M］.北京：北京大学出版社，2013.

［4］周正元.机械制造基础［M］.南京：东南大学出版社，2016.

［5］邵泽强.机电设备 PLC 控制技术［M］.北京：机械工业出版社，2012.

［6］陶亦亦.机电设备电气控制与 PLC 应用［M］.北京：机械工业出版社，2016.

［7］李金钟.电机与电气控制［M］.北京：中国劳动社会保障出版社，2007.

［8］卓书芳.电机与电气控制技术项目教程［M］.北京：机械工业出版社，2007.

［9］吴先文.机电设备维护技术［M］.北京：机械工业出版社，2009.

［10］曲昀卿.电机与电气控技术［M］.北京：北京邮电大学出版社，2007.